无抗养殖技术丛书

假蒟在畜禽生产中的应用研究

JIAJU ZAI CHUQIN SHENGCHAN ZHONG DE YINGYONG YANJIU

主　编　王定发

副主编　周璐丽

四川大學出版社

SICHUAN UNIVERSITY PRESS

项目策划：王　睿
责任编辑：王　睿
责任校对：胡晓燕
封面设计：墨创文化
责任印制：王　炜

图书在版编目（CIP）数据

假蒟在畜禽生产中的应用研究 / 王定发主编．— 成都：四川大学出版社，2021.12
ISBN 978-7-5690-5223-7

Ⅰ．①假…　Ⅱ．①王…　Ⅲ．①草本植物—应用—畜禽—饲养管理—研究　Ⅳ．①S815

中国版本图书馆 CIP 数据核字（2021）第 249148 号

书名　假蒟在畜禽生产中的应用研究

主　　编	王定发
出　　版	四川大学出版社
地　　址	成都市一环路南一段 24 号（610065）
发　　行	四川大学出版社
书　　号	ISBN 978-7-5690-5223-7
印前制作	四川胜翔数码印务设计有限公司
印　　刷	成都金龙印务有限责任公司
成品尺寸	185mm×260mm
印　　张	8.75
字　　数	213 千字
版　　次	2022 年 3 月第 1 版
印　　次	2022 年 3 月第 1 次印刷
定　　价	68.00 元

◆ 读者邮购本书，请与本社发行科联系。
电话：(028)85408408/(028)85401670/
(028)86408023　邮政编码：610065
◆ 本社图书如有印装质量问题，请寄回出版社调换。
◆ 网址：http://press.scu.edu.cn

四川大学出版社
微信公众号

前　言

长期以来，抗生素广泛用于促进畜禽生长、预防畜禽疾病，对畜牧业集约化和规模化发展起到了极大的推动作用。但随着抗生素的大量使用，其药物残留和耐药性等问题日益凸显，严重威胁畜禽产品安全和人类的健康。欧盟自2006年1月1日起全面禁止在食品动物的饲料添加剂中使用抗生素。我国农业农村部第194号公告指出，自2020年1月1日起，退出除中药外的所有促生长类药物饲料添加剂品种；自2020年7月1日起，饲料生产企业停止生产含有促生长类药物饲料添加剂（中药类除外）的商品饲料。因此，在饲料端"全面禁抗"及养殖端"全面减抗"的背景下，开展抗生素替代物的研究已成为当前饲料资源开发利用领域研究和应用的热点。

近年来，植物提取物由于富含生物碱、多酚、黄酮、多糖、皂苷和挥发油等成分，具有抗炎、抑菌、抗氧化、调节机体免疫等作用，而且不易产生耐药性、无残留、毒副作用小，已成为动物生产中饲用抗生素的理想替代品之一。

假蒟是一种胡椒科属多年生草本植物，广泛分布于热带和亚热带地区，喜生长于园林或树林中半阴处，一般每年可采摘2～3次。民间常用其治疗胃肠胀气、牙痛、胸膜炎、疟疾、血箭疮等疾病。现代研究表明，假蒟提取物具有抑菌、解热、镇痛、抗氧化和抗炎等多种药理作用。因此，假蒟提取物具有开发成为饲料添加剂的潜在前景。

本书由中国热带农业科学院热带作物品种资源研究所王定发、周璐丽编写，是作者团队近年来围绕假蒟及其提取物开展的应用研究总结而成的，可为假蒟在畜牧养殖业中的应用提供一定的参考和科学依据。

感谢"国家科技资源共享服务平台：国家热带植物种质资源库""中国热带农业科学院基本科研业务费专项资金项目：热带特色饲料资源与添加剂开发利用技术研究（项目编号：1630032017036）""海南省自然科学基金面上项目：假蒟乙醇提取物对霉菌毒

素玉米赤霉烯酮的抑制效果研究（项目编号：320MS099）”对本书提供的经费支持。

由于时间仓促和水平有限，书中难免存在一些疏漏和错误，敬请读者谅解并提出宝贵建议，以便以后加以完善。

编　者

2021 年 8 月

目　录

1　植物提取物在畜禽养殖中的应用进展

在规模化、集约化的现代养殖业发展中，畜禽疾病的多发、群发、暴发现象越来越频繁，为了防治疾病和促进生长，抗生素类饲料添加剂被养殖户广泛使用。在畜禽饲料中添加低于治疗剂量的抗生素可以促进畜禽生长、提高饲料转换效率、降低畜禽发病率和死亡率。虽然饲用抗生素为养殖业的发展做出了重要贡献，但长期使用引起的耐药性、免疫抑制、双重感染和畜禽产品药物残留等问题，会污染环境并危害人们的身体健康。随着欧盟于2006年1月1日颁布全面禁止在食品动物的饲料添加剂中使用抗生素，我国也于2020年1月1日起退出除中药外的所有促生长类药物饲料添加剂品种。并于2020年7月1日起，饲料生产企业停止生产含有促生长类药物饲料添加剂（中药类除外）的商品饲料。这些政策的颁布与实施，意味着我国及全球饲料端已迈入后抗生素时代，研究与开发植物提取物（中药）、微生态制剂、酶制剂、抗菌肽等替抗类饲料添加剂，发展无抗养殖、绿色生态健康农业成为必然趋势。其中，饲用植物及其添加剂因具有资源丰富、来源天然、功能全面、安全性高、毒副作用低、不易产生耐药性、无（低）残留等优点，成为畜禽生产中饲用抗生素的理想替代品之一。

1.1　饲用植物及植物提取物概况

饲用植物即可饲用天然植物，是指农业农村部相关文件批准可以用于商品饲料（或基质）生产的有一定应用功能的植物，具体表现形式有饲用植物粉和饲用植物提取物，产品形式为饲料原料（如甘草粉、甘草粗提物）。2018年，我国颁布了《天然植物饲料原料通用要求国家标准》（GB/T 19424—2018），对天然植物饲料原料的质量安全和规范使用进行了约束，对饲用植物相关产品的开发和应用具有重要的指导意义。

截至2019年，《饲料原料目录》收录及批准的饲用天然植物有117种，多为药食同源的中草药，但是中草药绝不等同于饲用天然植物。目前，动物生产中应用的植物源产品的分类为：

（1）天然植物饲料原料即可饲用植物，包括《饲料原料目录》中“7.6 其他可饲用天然植物”中收录的117种药食同源植物；

（2）植物提取物饲料添加剂，即以植物提取物为主要有效成分，按照饲料添加剂注册程序开发的饲料添加剂产品，包括收录于《饲料添加剂目录》、食品用香料及农业农村部批准暂未列入《饲料添加剂目录》的新饲料添加剂产品；

（3）中兽药，即以中药材为原料，按照兽药注册程序注册批准的用于临床疾病治疗，或预防动物疾病并达到改善或提高生产性能的药物；

（4）中兽药药物饲料添加剂，即收录于《药物饲料添加剂目录》的中兽药产品，可在饲料和养殖过程中长期添加使用。

值得注意的是，农业农村部194号公告宣布“退出除中药外的所有促生长类药物饲料添加剂品种”及“改变中药类药物饲料添加剂管理方式，不再核发‘兽药添字’批准文号，改为‘兽药字’批准文号”，即取消药物饲料添加剂品类，在药品质量标准和标签说明书上通过“兽用非处方药”的标示及“可在饲料和养殖过程中长期添加使用，无休药期”的使用说明，来与治疗用兽药进行区分。

植物提取物是指采用适当的溶剂或方法，以植物为原料提取或加工而成的物质。从植物化学的角度而言，是指植物的生物学因素或非生物学因素所形成的初生和次生代谢产物，而次生代谢产物包括生物碱类、多酚类、挥发油类、黄酮类、植物多糖类、有机酸类、皂苷类等，具有抗炎、抑菌、抗氧化、调节机体免疫等作用，是植物有效成分和发挥药效作用的物质基础以及发现新药的重要来源。植物提取物饲料添加剂是指以植物提取物（活性成分）为主要有效成分，按照饲料添加剂注册程序开发的饲料添加剂产品。由于不同的植物品种活性成分存在差异，且饲用植物中功能活性成分并不是单一的化合物，往往表现为一类功能活性组分（或类组分物质）。因此，饲用植物一般具有多种功能活性，但根据其主要活性物质含量，某种饲用植物及其提取物应具有某一种主要生物活性，包括微生物、抗氧化、促生长、防治腹泻、增强免疫力、改善肠道健康等作用。

1.2 植物提取物的主要活性成分

目前已知植物提取物中的生物活性成分主要有精油、植物黄酮、植物多酚、生物碱、皂苷、多糖、有机酸等。植物提取物除了含有多种生物活性物质外，还含有多种营养成分，如氨基酸、微量元素、维生素等。因此，将植物提取物作为饲料添加剂具有营养和药用的双重价值。

1.2.1 植物精油

植物精油（plant essential oil）是从植物的各个部分，包括种子、根、茎、叶和果实，通过蒸汽蒸馏或溶剂萃取等方法获得的挥发性芳香物质。目前，用于提取植物精油的植物主要包括牛至、薰衣草、生姜、薄荷、丁香、肉桂、小茴香、迷迭香、鼠尾草、猫爪草和桉树等，提取方法主要有蒸馏提取法、溶剂萃取法、过饱和法、树脂萃取法、蜡包埋法和冷压法等。植物精油的主要成分通常利用色谱分离，借助质谱进行鉴定，其组成成分主要有萜烯类化合物（大部分为单萜和倍半萜）、芳香族化合物（主要为萜源衍生物和苯丙烷类衍生物）、脂肪族化合物（主要为烯类、烷烃类和醇类）和含氮含硫化合物（具有刺激性气味，含量较少）。植物精油的各种成分含量受多种因素的影响，包括品种、环境、栽培方法、采摘时间、储存、加工工艺和提取方法等。植物精油组成成分中的大多数物质具有芳香气味，其中萜类化合物是植物中的有效成分，具有多种药理活性（如祛痰、止咳、镇痛、消炎等），同时也是重要的天然香料，在畜禽养殖中能替代抗生素促进畜禽生长。几种常见植物精油的主要成分见表 1.1。

表 1.1 常见植物精油及主要成分（张嘉琦等，2021）

植物精油	主要成分
当归	α－蒎烯，δ－3－胡萝卜素，α－水芹烯＋月桂烯，柠檬烯，β－水芹烯，ρ－伞花烃
佛手柑	β－蒎烯，柠檬烯＋β－水芹烯，γ－萜品烯，芳樟醇，乙酸芳樟醇
柴胡	1,8－桉叶素，对伞花烃，萜品油烯，α－松油醇
豆蔻	1,8－桉叶素，α－乙酸松油酯
香菜	ρ－伞花烃，芳樟醇
小茴香	反式二氢香芹酮，香芹酮，莳萝油脑
柠檬桉	香茅醇，香茅醛
天竺葵	异薄荷酮，香茅醇，香茅醛，香叶醇
生姜	香叶醛＋乙酸冰片酯，香茅基甲酸酯，柠檬醛，β－异丁烯二烯，芳基姜黄烯，β－桉叶醇
杜松子	α－蒎烯，桧萜，月桂烯
青柠	柠檬烯，香叶醛，β－蒎烯，γ－松油烯
柑橘	柠檬烯，γ－松油烯
肉豆蔻	α－蒎烯，β－蒎烯，桧萜，肉豆蔻醚
胡椒	α－蒎烯，β－蒎烯，桧萜，δ－3－胡萝卜素，柠檬烯，β－石竹烯
迷迭香	α－蒎烯，β－蒎烯，1,8－桉叶素，樟脑
鼠尾草	1,8－桉叶素，α－侧柏酮，β－侧柏酮
龙蒿	(Z)－β－罗勒烯，(E)－β－罗勒烯,甲基胡椒酚

1.2.2 植物黄酮

植物黄酮类化合物广泛存在于植物的根、茎、叶、花、果实等部位中，数量及种类繁多，而且结构类型复杂多样。由于最早发现的黄酮类化合物呈黄色或淡黄色，故称黄酮。黄酮类化合物是以黄酮（2－苯基色原酮）为母核而衍生的一类黄色色素，即以

C6－C3－C6为基本碳架的一系列化合物，其中包括黄酮的同分异构体及其氢化和还原产物。在植物体内，大部分黄酮类化合物与糖分子相结合变成苷类或以碳糖基的形式存在。其代表化合物有黄芩素、黄芩苷、槲皮素、芦丁、陈皮素、甘草苷、水飞蓟素、异水飞蓟素、大豆素、葛根素、鱼藤酮、异甘草素、补骨脂乙素、金鱼草素、儿茶素、飞燕草素、矢车菊素、银杏素、异银杏素等。该类化合物具有抗心脑血管疾病、抗氧化、抗衰老、镇痛、抗炎、抗肿瘤、抗病毒等多重功效，在医药保健领域具有广阔的应用前景。

1.2.3 植物多酚

植物多酚是一类广泛存在于植物体内的具有多元酚结构的次生代谢物，主要存在于植物的皮、根、叶、果实中。不同种类多酚的化学结构见图 1.1.

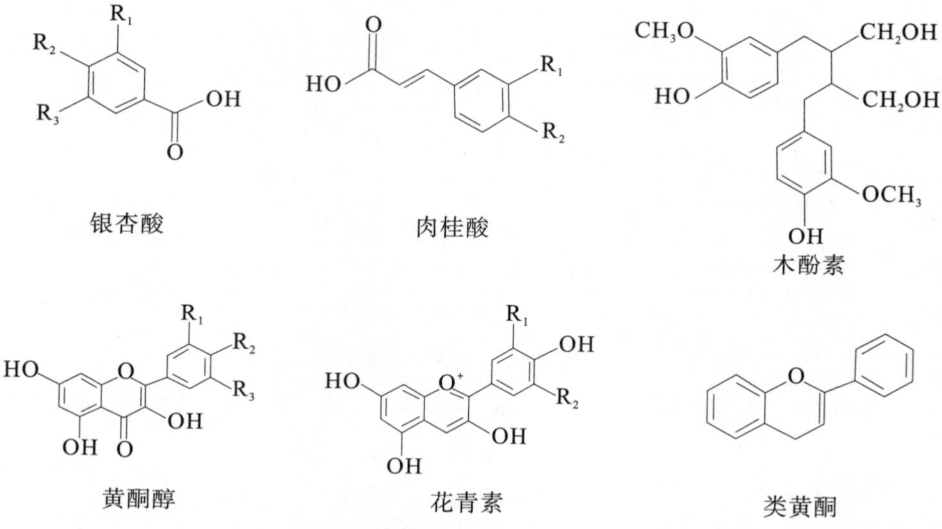

银杏酸　　肉桂酸　　木酚素

黄酮醇　　花青素　　类黄酮

图 1.1　不同种类多酚的化学结构（梁进欣等，2020）

黄酮类化合物结构中常连接有酚羟基、甲氧基、甲基、异戊烯基等官能团，可进一步分为黄酮醇、花色素等。酚酸类化合物存在于许多植物中，其具有酚羟基取代的芳香羧酸的结构，是一类含有酚环可以杀菌的有机酸。最常见的是咖啡酸、香豆酸，且在干果中的含量较高。其衍生物大多属于苯甲酸和肉桂酸类。姜黄素是一种从姜科植物根茎中提取的多酚类化合物，其分子结构由含β－二酮的庚二烯和 2 个邻甲基化的酚相连组成。亚麻木酚素是一种植物雌激素，主要存在于亚麻籽中。单宁又称鞣酸、鞣质，是多元酚类高分子化合物。单宁结构特别，其内部结构具有疏水性，而外部结构具有亲水性，这种结构使单宁具有抗氧化、杀菌等作用。

1.2.4 生物碱

生物碱在自然界中广泛存在，是一类含氮的碱性有机化合物。绝大多数生物碱分布在高等植物尤其是双子叶植物中（如毛茛科、罂粟科、防己科、茄科、夹竹桃科、芸香科、豆科、小檗科等）。目前，已知的生物碱约有 12000 种，按照结构可以分为有机胺类（如麻黄碱、益母草碱、秋水仙碱）、吡咯烷类（如古豆碱、千里光碱、野百合碱）、吡啶类（如烟碱、槟榔碱等）、异喹啉类（如小檗碱、吗啡、粉防己碱等）、吲哚类（如利血平、长春新碱、麦角新碱等）、莨菪烷类（如阿托品、东莨菪碱等）、咪唑类（如毛果芸香碱等）、喹唑酮类（如常山碱等）、嘌呤类（如茶碱等）、甾体类（如茄碱、浙贝母碱、澳洲茄碱等）、二萜类（如乌头碱、飞燕草碱等）和其他类（如加兰他敏、雷公藤碱等）。

1.2.5 皂苷

皂苷是一种普遍存在于高等植物和少量存在于海洋生物中的较复杂的苷类化合物，又称为皂苷素。皂苷从分子结构上看，是半缩醛上的羟基与酚基失水缩合而成的环状缩醛衍生物，因其具有起泡性，水溶液可以生成类似肥皂泡的持久性蜂窝状泡沫。

皂苷主要是由糖和皂苷元组成。组成皂苷的糖常见的有木糖、葡萄糖、鼠李糖、半乳糖等。糖基种类、苷元结构的不同，糖链的组成和连接方式的不同以及糖链与苷元连接位置的不同，决定了皂苷种类的复杂性和生物功能的多样性。

根据苷元碳骨架的不同，皂苷可以划分为两大类：一类为三萜皂苷（triterpenoid saponin），另一类为甾体皂苷（steroid saponin）。其中，含有三萜皂苷的植物占比较大。许多常见的中草药（如五加科的人参、三七，桔梗科的桔梗、党参，远志科的远志，伞形科的柴胡，蔷薇科的地榆等）均含有三萜皂苷。另外，豆科植物（如苜蓿、大豆、甘草、黄芪）中也普遍含有三萜皂苷。皂苷根据结构可分为四环三萜、五环三萜和鲨烯三类，其中以四环三萜类和五环三萜类较为普遍。甾体皂苷的基本骨架为螺旋甾烷或异构体异螺旋甾烷。甾体皂苷的皂苷元含有 27 个碳原子的螺甾醇或呋甾醇，主要用于合成甾体激素及其相关药物。其分子中不含羧基，常呈中性。甾体皂苷主要分布于百合科、薯蓣科和茄科等植物，此外，豆科、鼠李科、玄参科、石蒜科等部分植物中也含有甾体皂苷。甾体皂苷被广泛用于生产黄体酮和皮质激素等医药产品。

1.2.6 多糖

多糖（polysaccharides）指至少由超过 10 个单糖分子通过 α－或 β－糖苷键聚合而成的高分子碳水化合物。多糖广泛存在于自然界中，是含量最丰富的高分子聚合物，按其来源可分为植物多糖、动物多糖、微生物多糖和海藻多糖等。植物多糖广泛存在于植物体内，是经过提取分离得到的一类天然高分子活性多糖。常见的植物多糖有茶多糖、枸杞多糖、银杏叶多糖、海藻多糖、香菇多糖、银耳多糖、灵芝多糖、黑木耳多糖、茯苓多糖等。

多糖与蛋白质的分类方法类似，其一级结构是指糖基的组成、糖基的排列顺序，相邻糖基的连接方式是高级结构的基础；二级结构是指多糖主链间以氢键为主要次级键形成的规则构象；三级结构是指以二级结构为基础，在有序空间产生规律性的空间构象；四级结构是以二级结构为基础，形成的非共价键聚集体。植物多糖具有多种生物活性，具有调节免疫力、调节血糖、抗肿瘤、抗辐射、抗菌、抗病毒、保护肝脏等作用。

1.3 植物提取物的生物活性

植物提取物中一般含有生物碱、有机酸、黄酮、皂苷、酚类等多种活性成分，其本身就是一个“小复方”，不同化学性质的多类化合物具有不同的药理作用。目前，用作饲料添加剂的品种有辣椒素、牛至油、香芹酚、百里香酚、肉桂醛、植物精油、丝兰提取物、大豆异黄酮、杜仲叶提取物等，它们具有诱食、抑菌、消除消化道炎症、防止腹泻、替代抗生素、促进生长等功效。例如，辣椒的主要活性成分辣椒素具有促进食欲、增强胃动力、刺激消化酶分泌、修复改善胃肠黏膜、抑菌、增强抗压能力和抗应激能力等多种功效，是一种新型高效的饲料添加剂。丝兰提取物饲料添加剂中含有三个主要成分，即皂苷、多糖和多酚。其中，皂苷具有表面活性剂的特性，能降低表面张力，刺激细胞免疫反应，促进抗体生成；多糖具有结合氨气等有害气体的能力，其成分与氨气有非常强的亲和力，两者可以结合并抑制氨的有害作用；多酚具有抗炎症和抗氧化的作用，能维持肠道的酸碱平衡，有利于肠道菌群的稳定和消化酶发挥作用。多酚的抗氧化作用主要表现为：

（1）直接清除活性氧自由基，抑制脂质过氧化反应，整合金属离子，激活细胞内抗氧化防御系统；

（2）多酚能消除自由基，保护身体细胞和组织免受损害；

（3）多酚可以延长机体内其他抗氧化剂（如维生素E、维生素C）的作用时间；

（4）多酚可以抑制炎症因子（如iNOS）的表达，抑制血小板的凝集，降低炎症反应。

植物提取物多成分、多靶点的特点使其在有效成分的寻找与确定、质量控制、安全性评价、作用及规律等方面的研究变得更加复杂。但随着分子生物学、免疫学、代谢组学等科学技术的迅猛发展，植物提取物的作用机理、安全性评价和应用等方面得到了更全面、更深层次的研究，植物提取物作为饲料添加剂的发展前景也将变得越来越广阔。

1.4 植物提取物在畜牧养殖业中的应用进展

植物提取物是绿色、高效、安全的饲料添加剂，因具有抗菌、抗氧化、抗炎等作用，在畜牧养殖领域得到了广泛应用。

1.4.1 植物提取物在单胃动物生产中的应用

朱碧泉等（2011）研究了植物提取物（PFA）对断奶仔猪生长性能、养分消化率及对育肥猪生长性能、肉品质、抗氧化能力等的影响。其选用40头32日龄断奶仔猪，随机分为5个处理组，结果显示在14天内，PFA组仔猪日采食量比对照组提高了26.15%，与对照组相比，PFA组显著提高了养分（能量、氮、粗蛋白）的消化率；选用20头体重相近的PIC猪随机分为2个处理组，结果表明，与对照组相比，PFA组屠宰后45 min肉色红度（a^*）值显著提高，屠宰后96 h肉色黄度（b^*）值显著降低，肉样中MDA含量显著降低，SOD活性显著提高，显示PFA有利于改善猪肉品质。另有研究表明，姜黄油和植物多酚等植物提取物能有效杀灭肠道致病性大肠杆菌，对防治断奶仔猪腹泻具有较好的效果（王晓杰等，2018）。李超、郭瑞萍（2014）在日粮中分别添加2%和4%菊粉，发现添加2%菊粉能有效提高肥育猪的平均日增重，降低血清甘油三酯、总胆固醇和高密度脂蛋白水平。涂兴强（2013）在生长肥育猪日粮中添加大蒜素，发现添加300 mg/kg剂量的大蒜素能提高肥育猪的平均日增重、降低料重比，同时可影响肥育猪血清总蛋白、球蛋白、胆固醇、谷草转氨酶、碱性磷酸酶水平和猪肉肉色、系水力、剪切力、肌苷酸和氨基酸含量。李成洪等（2012）选用90头21 kg左右的长荣杂交猪，研究植物提取物饲料添加剂对生长猪饲喂效果的影响后发现，相比对照组，植物提取物饲料添加剂组能降低猪只腹泻率、腹泻频率及腹泻指数，提高生长猪日增重，改善饲料利用率。刘容珍、田允波（2007）研究饲粮中添加3%天然植物提取物对杜长大仔猪生长性能、肠道菌群、血清生化指标和免疫功能的影响后发现，添加3%天然植物提取物可提高仔猪日增重和饲料转化率，增加盲肠内双歧杆菌、乳酸杆菌数，降低大肠杆菌数和梭菌数，提高血清总蛋白（TP）、血清球蛋白（GLB）、免疫球蛋白（IgG）、白细胞数等水平。

1.4.2 植物提取物在反刍动物生产中的应用

王洪荣等（2014）研究发现，在饲料中添加0.6%青蒿素能显著降低山羊瘤胃内菌体蛋白的微循环，使瘤胃原虫吞噬速率和微生物氮循环量减少，提高饲料蛋白质的潜在利用效率。Rambozzi等（2011）研究表明，丝兰皂苷能提高后备牛的平均日增重。Nasri等（2011）研究发现，皂树皂苷可减少羔羊瘤胃中原虫的数量。徐晓明等（2010）在奶牛日粮中添加植物提取物（NE300），发现NE300作为一种瘤胃调节剂，能促进产奶量、乳脂肪、乳蛋白含量，降低乳体细胞数量和乳尿素氮含量。李德勇等（2014）采用产气量法研究五种不同植物提取物（植物蜕皮甾酮、大蒜提取物、苍术提取物、桑叶提取物和牛蒡子提取物）对瘤胃体外发酵的影响，发现这五种提取物均能降低体外发酵NH_3-N浓度、提高48 h干物质（Dry Matter，DM）消化率，可以在一定程度上改善瘤胃发酵模式。Salema等（2011）在羔羊全混合日粮中添加30 mL垂柳提取物，饲喂9周后与对照组比较，垂柳添加组平均日采食量、消化率均有显著提高。

Carulla 等（2005）研究发现，分别以三叶草和苜蓿为发酵底物，富含缩合单宁的黑荆树提取物的甲烷生成量较对照组平均下降了 13%。反刍动物瘤胃发酵产生的挥发性脂肪酸是其重要的能量来源之一，占反刍动物吸收能量的 60%～80%，而其中乙酸、丙酸、丁酸是 3 种主要挥发酸，约占总挥发酸的 95%。研究表明，补充植物油可明显降低总挥发酸量，辅以缩合丹宁和皂苷时总挥发酸量显著增加，且植物精油可以提高挥发酸中丁酸的比例（汪水平，2015）。

1.4.3 植物提取物在禽类动物生产中的应用

目前，对植物提取物应用的研究主要集中在家禽类，而且结果较为一致。大多数研究结果表明，植物提取物添加剂对家禽的采食量没有显著影响，但对增重和饲料转化率有显著改善，并且对家禽的免疫功能、抗氧化性能等有显著提升。

陈鲜鑫等（2017）研究表明，植物提取物对蛋鸡产蛋性能有提高的作用，可显著提高血清中免疫球蛋白含量和单一不饱和脂肪酸（棕榈油酸、顺二十碳一烯酸）含量。谢丽曲等（2013）研究表明，饲粮中添加 150 mg/kg 植物提取物（康华安）能提高樱桃谷肉鸭生产性能和血清抗氧化能力。禚梅等（2009）在日粮中添加植物提取物（主要活性成分为黄酮、多糖、天然鞣酸和绿原酸等）饲喂肉仔鸡，发现植物提取物能提高肉仔鸡日增重、成活率和饲料报酬率，且对肉仔鸡的体液免疫和细胞免疫均有明显的促进作用。史东辉等（2013）研究唇形科植物止痢草提取物对肉鸡血清的抗氧化作用和鸡肉脂类氧化的影响，发现止痢草提取物能提高血清总抗氧化能力、超氧化物歧化酶活性，降低丙二醛浓度，有效延缓肉中脂类的氧化。

1.4.4 植物提取物在水产动物生产中的应用

有研究表明，在黄鳝鱼饲粮中添加植物提取物（葡萄籽：青蒿提取物为 4∶1 的混合物）能提高鱼体肠道消化酶活性，促进消化和三大营养物质代谢活动，加快鱼体生长（黄光中等，2013）。在饲粮中添加质量分数为 0.15%的植物提取物（类黄酮、多糖）可提高建鲤成活率、单位产量（缪凌鸿等，2008）。在日粮中添加适量的植物提取物能提高草鱼血清超氧化物歧化酶（SOD）活力，降低血清丙二醛浓度，提高非特异性免疫功能（陈团，2018）。添加 300 mg/kg 植物提取物能显著提高异育银鲫鱼体增重率和特定生长率，添加 200～300 mg/kg 植物提取物能显著提高鱼血清溶菌酶活性、一氧化氮浓度、超氧化物歧化酶活性，降低饵料系数和血清丙二醛浓度。在日粮中适量添加植物提取物，能提高异育银鲫的机体免疫机能，促进鱼体生长（胡佩红、季海波，2019）。

1.4.5 植物提取物类饲料保存剂的应用

近年来，随着畜禽养殖业生产集约化、规模化以及现代饲料工业生产规模的不断扩大，饲料的销量大幅度增加。为了减少或防止饲料中的营养成分损失或发生物理化学变化，有效保证饲料的新鲜程度和提高饲料报酬率，通常在原料及饲料中同时添加化学合成类饲料保存剂（主要包括防霉剂与抗氧化剂），组成一个完整的防霉、防腐和抗氧化体系。但化学合成类防霉剂与抗氧化剂却存在抗菌不全面、刺激性大而影响饲料适口性、致畸形、致癌等缺点，进而影响动物生产性能，威胁动物和人类的健康，严重制约了饲料工业和畜禽养殖业的发展。因此，开发绿色安全的天然饲料保存剂不仅关系着动物和人类的健康，更与饲料添加剂的发展前景和环境保护息息相关。

王介庆（2000）研究发现，优质的饲料保存剂应具备以下特点：①具备良好的保护饲料作用；②稳定性强，储存时间长，且不与饲料发生反应；③添加量小，对动物和人无毒、无刺激作用；④无异味，添加到饲料中不影响饲料适口性及营养，不危害动物健康；⑤经济安全且操作方便。

目前，随着人们安全意识的不断提高，对绿色畜禽产品的消费需求也不断增强。饲料保存剂作为饲料工业生产中不可缺少的添加剂，其安全性越来越受到关注。相较于化学合成类饲料保存剂，植物提取物类饲料保存剂具有资源丰富、安全性高、毒副作用低、有害残留量少等优点，此外，植物提取物类饲料保存剂还富含天然维生素、黄酮类、醌类、酚酸类、生物碱类、萜类、烯酸类等，具有广谱抗菌、抗氧化、抗炎等多种药理活性。因此，植物提取物类饲料保存剂的研究与开发具有广阔前景。

近年来，科学家已对植物提取物类饲料保存剂开展了相关研究工作。邬本成等（2013）开展了植物精油（主要有效成分为肉桂醛和香芹酚等）对青霉、黑曲霉的抑菌效果试验，发现植物精油可有效抑制青霉和黑曲霉的生长，其抑菌圈直径达 3.2 cm。孙红祥等（1999）研究了陈皮、藿香、艾叶等 9 味中药和桂皮醛、丁香油、茴香醛等 7 种中药挥发性活性成分对饲料中霉菌的抑制作用，发现它们均具有较好的抑菌效果。其中，陈皮、藿香、艾叶和桂皮醛的抑菌活性较强，且具有来源广、价格低廉的优势，可作为重点研究对象开发新型饲料防霉剂。Abdel-Fattah 等（2018）发现，三种不同溶剂（水、95%乙醇溶液和 50%乙醇溶液）的甜叶菊提取物均对黄曲霉、曲霉、黑曲霉和莫式镰刀菌表现出较好的抗真菌和抗黄曲霉的作用，其中以 50%乙醇溶液作为溶剂的甜叶菊提取物的抑菌效果最佳，可能与其含有的酚类和黄酮类化合物含量最高有关。Valentao 等（2003）发现，矢车菊浸出物中主要含有的灭氧杂蒽酮和酚酸等多酚类化合物，能有效清除 •OH 和次氯酸且表现出较强的抗氧化活性。Shieh 等（2000）发现黄芩中的黄芩黄素、黄芩苷具有很强的清除 O^{2-} 的抗氧化活性。张友胜等（2003）发现齿蛇葡萄中的二氢杨梅树皮素在 $FeSO_4$ 依他酸引发的亚油酸过氧化体系中能螯合 Fe^{2+}，阻止由 Fe^{2+} 引发的亚油酸过氧化而具有较强的抗氧化能力。Taher（2019）发现，微型桉树叶醇提取物对黑曲霉和黄曲霉具有潜在的抗真菌活性，可能因其拥有一些活性化合物表现出较好的抗菌抗霉作用，是一种安全、经济，可防止食品和饲料污染的化学类防霉剂替代品。Chen 等（2018）发现，姜黄提取物中姜黄酮、异姜黄烯醇、姜黄烯醇、姜油烯、β-榄香烯、姜黄素和姜黄醇等活性成分可破坏关键的蛋白质和酶，抑制麦角固醇的合成且对镰刀菌属的 11 种镰刀菌均表现出较好的抗菌活性。其中，以姜黄酮的抗真菌效果最佳。

1.4.6 影响植物提取物应用效果的因素分析

我们发现，将植物提取物作为添加剂使用的研究结果并非完全一致。影响植物提取物应用效果的主要因素包括植物提取物的种类、品种、类型、来源、有效成分含量及添加比例，还有试验动物的品种、生长阶段、饲养环境，日粮配方组成等。

（1）不同植物种类、品种，其有效成分差异巨大。在所有影响植物提取物添加剂饲喂效果的因素中，最重要的是植物的种类、品种、来源、部位、生长阶段以及植物的生长环境、提取条件等因素。不同种类植物提取物的抗菌活性成分不同，其中具有抗菌作用的成分以亲脂性的烃链和亲水性的功能团最为重要。植物提取物添加剂的主要成分是单萜烯和倍半萜烯，包含碳水化合物、烯、醇、醚、醛和酮等，其抗菌活性高低顺序通常为：酚＞醛＞酮＞醇＞醚＞烃基。其中，抗菌活性最强的酚类，如百里香酚和香芹酚，它们的羟基可与酶的活性中心形成氢键。因此，含有酚类的植物提取物往往具有很高的抗菌活性，而且抗菌谱很广。即使同一种植物，不同品种和亚种之间也存在很大差异。比如，欧洲称为“牛至草”的植物就多达六十几种，中国不同地区称为“独活”的植物就多达十几种。这些不同植物提取物、不同抗菌成分、不同活性物质含量，都是造成动物使用效果差异的主要原因。

（2）植物提取物添加剂的使用效果不同。植物提取物是由几十种甚至上百种组分组成，其主要的有效活性成分通常有5～10种。若对其中一种或几种的纯化工合成品的主要有效成分进行研究，发现大多数纯化工合成品对试验动物的效果没有植物提取物显著，说明植物提取物添加剂的作用效果是其含有的多种活性成分协同作用的结果。

（3）试验动物的品种、生长阶段、饲养环境，日粮配方组成的差异影响植物提取物添加剂的应用效果。通常情况下，幼龄畜禽（如刚断奶的仔猪、刚孵化的雏鸡等）因免疫力低下易发生肠道感染。与其他促生长添加剂相似，在此期间使用植物提取物添加剂效果比较明显。与抗生素相似，动物在不利的饲养环境下（如低消化率日粮或洁净条件较差的饲养环境）使用植物提取物饲料添加剂的促生长作用效果更加明显。例如，在卫生条件好的动物饲养试验基地开展饲养试验时，无论添加抗生素还是植物提取物，对动物的生产性能影响都不明显。但在一般的饲养环境中，植物提取物的应用效果相对较好。

（4）植物提取物产品缺少相关规范，无法统一制定相应的产品标准。目前，市场上有很多名为“植物提取物饲料添加剂”的产品，但我们并不清楚其有效成分的种类及含量，产品质量也得不到保证，导致使用效果也不稳定。

近年来，随着人们对环境保护、食品安全和身心健康的重视程度不断提高，绿色健康的养殖理念不断深入人心。国内外科学家对植物提取物作为抗生素替代品的使用开展了大量的科学研究，使植物提取物作为饲料添加剂的开发应用得到了飞速发展。植物提取物中含有多种成分，具有抗菌、抗氧化、抗炎、促生长等作用，但其多成分、多靶点的特点也使有效成分的寻找与确定、质量控制、安全性评价、作用规律等研究变得更加复杂。因此，加强基础研究是植物提取物饲料添加剂未来的发展方向。例如，筛选出高效、安全、可靠的植物，然后对其主要有效成分进行提取、分离和鉴定。在动物营养应用方面，结合植物提取物中的有效活性成分，通过分子生物学、免疫学、代谢组学等现代先进的科学技术手段，从体内营养物质的代谢利用途径、免疫调节机理和激素的分泌调控等方面对植物提取物的作用机理、安全性评价和应用等方面展开更全面、更深入的研究。

总之，效果显著、机理明确、成分清晰可控的植物提取物及其相关产品已逐步得到大众的认同，尤其在一些发达国家的应用越来越普遍。植物提取物饲料添加剂不仅可以作为抗生素替代品，减少动物腹泻，保障动物肠道健康，提高畜禽生产性能，而且具有无残留、无须考虑耐药性等优点，可以为畜禽健康养殖与饲料安全及高效生产提供有力保障。

2 假蒟的生物学特性

假蒟，学名 *Piper sarmentosum* Roxb.，又名蛤蒌、假蒌、山蒌、荜茇等，属于被子植物门双子叶植物纲胡椒目胡椒科胡椒属植物。胡椒科植物在我国种类不多，但经济价值较大，如胡椒就是很好的调味品，还可作为胃寒药，能温胃散寒、健胃止吐。早在《新修本草》一书中就有记载：荜茇有镇痛、健胃效能。近年来，研究人员在大力发展中草药防治疾病的过程中，不仅发现我国有较丰富的野生假蒟，而且还发现胡椒科的其他种类亦能治疗多种疾病，如海南蒟、小叶爬崖香、蒟子、石南藤、岩参、山蒟、石蝉草、豆瓣绿等。在我国东南沿海地区和东南亚部分国家，假蒟还是广为使用的调味品和药用植物。民间取其茎叶及果实治疗腹痛、腹胀、肠炎腹泻、食欲不振、风湿痛、疝气痛等。假蒟富含多种生物活性成分，是一种极具开发潜力的亚热带及热带特色植物资源。

2.1 假蒟的形态特征

假蒟（图 2.1）为多年生、匍匐、逐节生根草本植物。其小枝近直立，无毛或幼时被极细的粉状短柔毛。叶近膜质，有细腺点，下部为阔卵形或近圆形，长 7～14 cm，宽 6～13 cm，顶端短尖，基部为心形，两侧近似相等，腹面无毛，背面沿脉上被极细的粉状短柔毛。叶脉共 7 条，干时呈苍白色，背面显著凸起，最上 1 对离基部 1～2 cm从中脉发出，弯拱上升至叶片顶部再与中脉汇合，最外 1 对有时近基部分枝，网状脉明显。其上部的叶小，为卵形或卵状披针形，基部呈浅心形、圆形或稀有渐狭。叶柄长 2～5 cm，被极细的粉状短柔毛，匍匐茎的叶柄长可达 7～10 cm。叶鞘长约为叶柄的一半。花单性，雌雄异株，聚集成与叶对生的穗状花序。雄花序长 1.5～2.0 cm，直径为 2～3 mm。总花梗与花序等长或略短，被极细的粉状短柔毛。花序轴被毛。苞片为扁圆形，近无柄，盾状，直径为 0.5～0.6 mm。雄蕊有 2 枚，花药近球形，花丝长为花药的 2 倍。核果近球形，直径为 2.5～3.0 mm，基部与花序轴合生。

图 2.1　假蒟外貌

2.2　假蒟的分布及生长习性

假蒟喜生长于林下或潮湿环境，在我国福建、广东、广西、云南、贵州、海南、台湾及西藏广有分布。国外主要分布于印度、越南、马来西亚、菲律宾、印度尼西亚、巴布亚新几内亚等东南亚热带和亚热带地区。广泛的分布为其合理利用提供了良好的资源保证。假蒟喜温暖潮湿的半阴环境和疏松富含腐殖质的酸性土壤（图 2.2），不耐干旱和严寒。假蒟忌阳光暴晒，光照太强易灼伤叶片，导致叶片泛黄脱落甚至死亡。因此，假蒟最适宜于林下或林缘种植。

图 2.2　假蒟的生长环境

2.3 假蒟的用途

在传统医药中，假蒟被用于治疗胃炎、风湿性关节炎、腹部疼痛、牙痛和其他疾病，已有数百年的历史。表2.1列出了假蒟在传统医药中的用途。

表2.1 假蒟在传统医药中的用途

序　号	传统用途	使用部位	资料来源
1	治疗牙痛和烂脚	根	《生草药性备要》
2	治疗产后气虚和足肿	叶	《生草药性备要》
3	治疗痔疮	根	《本草求原》
4	治疗风冷咳嗽	叶	《本草求原》
5	治疗疟疾、箭疮和脚气病	叶	《岭南采药录》
6	缓解因龋齿导致的疼痛	叶	《广西中草药》
7	治疗哮喘、风湿性关节炎、腹泻、痢疾	叶	《中医词典》
8	治疗腹胀、腹痛和疝气痛	果实	《中药学》
9	治疗子宫出血	根	《中国民族药理学》
10	治疗风湿骨痛、胃痛、外伤、昆虫和蛇咬伤	整株	《中国民族药理学概论》
11	抑制金黄色葡萄球菌和福氏痢疾杆菌	茎叶	《新中医简明词典》
12	缓解肌肉疼痛	整株	Rititid et al.（1998）
13	治疗高血糖	整株	Chanwitheesuk et al.（2005）
14	治疗皮肤感染、蛇咬伤	整株	Durant-Archibold et al.（2018）

（Sun et al.，2020）

在马来西亚和印度尼西亚，假蒟常被人们用来治疗各种病痛。在马来西亚，人们不但会生吃假蒟的嫩叶，还用它来治疗疟疾和咳嗽。在马来西亚的森美兰州，假蒟叶片粉碎后还被用来治疗肾结石。在印度尼西亚，假蒟叶片作为传统药物被用来缓解胸闷和风湿痛，此外，还常被用来缓解各种疼痛性疾病，如头痛、关节痛、腰痛和女性经期痛。将假蒟叶和生姜一起咀嚼对牙痛有很好的治疗作用，也可以用叶和根治疗皮炎和结膜炎。

在泰国，假蒟常被用来缓解肌肉疼痛。居住在泰国南部的居民有时也用它来治疗高血糖。在巴拿马，假蒟被用来治疗皮肤感染、蛇咬、牙痛、肌肉疼痛、子宫出血、感冒和伤口感染。

在我国，假蒟被称为蛤蒌、假蒌、山蒌等。据中医记载，假蒟味苦、性温，具有清热解毒、活血化瘀的功能。假蒟的药用部分可以是整株，也可以是干燥的根、茎、叶或果实。全株或根一年四季均可采收，茎、叶或果实可在秋季采收并晒干。在我国，假蒟作为有记载的药用植物至少已超过300年，最早可追溯到《生草药性备要》对假蒟的描述："味苦、性温、无毒。"其根可用于缓解牙痛、治疗烂脚，其叶可用于治疗产后气虚和脚肿胀。据《本草求原》记载，用假蒟的叶煮水洗脚可治疗寒症。《岭南采药录》中记载，假蒟和鸡蛋煮熟后食用可治疗疟疾，口服或煮水外用可治疗脚气，外敷可治疗箭疮。现代的中医药书籍也证实了假蒟的这些功效。《广西中草药》记载，假蒟可缓解因龋齿导致的疼痛。《中医词典》记载，假蒟的茎、叶可治疗感冒、哮喘、风湿性关节痛、上腹胀痛和腹泻痢疾。《中药学》记载，假蒟果实可治疗腹胀、腹部冷湿和疝气疼痛。《中医辞海》也记录了假蒟可有效治疗牙痛、血箭疮和疟疾。《新中医简明词典》记载，假蒟茎、叶水浸液可有效抑制金黄色葡萄球菌和福氏痢疾杆菌。

《中国民族药理学概论》提道："傣族将假蒟的根用于治疗感冒和牙痛，而且还可用于治疗子宫出血。彝族将假蒟整株用于治疗风湿性骨痛，虫咬、蛇咬伤以及胃痛。佤族将假蒟的嫩叶用盐和调料制作成一盘菜，食用后可防治寒胃。"

假蒟除作药用外，还可食用。研究表明，假蒟含有丰富的蛋白质、矿物元素和脂肪酸，具有滋阴和调节内分泌的功效，对人类健康发挥了积极作用。在马来西亚，假蒟由于含有柚皮素，被作为膳食补充剂使用。在马来西亚和印度尼西亚，假蒟的地上部分已被作为一种普通食物，经水煮后供人们食用。在海南地区，人们喜用假蒟的叶片、果实或根煲汤，或用假蒟的叶子炸田螺和制作肉饼。在广东地区，人们常在花甲米线中使用假蒟叶片来调味。

3 假蒟的活性成分

Sun 等（2020）对假蒟的化学成分及生物活性进行了总结。研究表明，已从假蒟中鉴定出的化合物达 200 多种，包括挥发油类、生物碱类、酚类和其他化合物。其中，挥发油类和生物碱类化合物是假蒟的主要成分。目前，我们对假蒟成分的研究主要集中在茎、叶部分，对根和果实的研究较少。

3.1 挥发油类

植物挥发油类成分是植物经过蒸馏或有机溶剂提取得到的植物次生代谢产物，是一类具有芳香气味的挥发性油状液体的总称。它们多数来自草药和香料，也存在于许多植物的腺毛、油室、油管、分泌细胞或树脂道中，在植物的根、茎、叶、果实、种子等部位均有分布。

植物挥发油类成分是多种结构类型化合物的混合物，按化学结构可分为萜类、芳香族类、脂肪族类和含氮含硫类等四类化合物，其中萜类衍生物为其主要组成部分。植物挥发油几乎不溶于水，能够随水蒸气蒸出，易溶于乙醇、正己烷、乙醚、丙酮等有机溶剂。人们通常利用这些性质从植物原料中提取挥发油。由于植物原料来源不同，植物挥发油的提取方法也有差异。传统的植物挥发油提取方法有蒸馏法、溶剂提取法、压榨法、吸附法等，但这些传统提取技术存在提取时间长、提取效率低、处理过程复杂、能耗高等缺点。随着科学技术的迅猛发展，新型提取技术（如超临界流体萃取、超声波辅助提取、微波辅助提取、酶解辅助提取等）被应用到植物挥发油提取领域。

一般多采用气相色谱-质谱联用（GC-MS）定性鉴定挥发油中的化学成分，并计算各成分的相对含量。精油是指从香料植物或泌香动物中加工、提取所得到的挥发性含香物质的总称，具有抗菌、抗感染、抗氧化和杀虫活性等功效。胡椒属植物富含精油，被认为具有较大的开发潜力。迄今为止，研究人员已经从假蒟中提取、分离并鉴定出了 89 种挥发油（表 3.1）。假蒟挥发油中主要是倍半萜类和苯丙烷类成分，也有单萜类、烷烃类和二萜类成分。

表 3.1 假蒟中分离出的挥发油成分

编 号	名 称	部 位	文献来源
1	α－ylangene（α－衣兰烯）	叶	Hieu et al.（2014）
2	α－copaene（α－蔽烯）	叶	Hieu et al.（2014）；Chieng et al.（2008）；Rameshkumar et al.（2017）
3	α－cadinene（α－杜松烯）	叶	Chieng et al.（2008）；Qin et al.（2010）
4	β－cadinene（β－杜松烯）	叶	Qin et al.（2010）；Chieng et al.（2008）
5	δ－cadinene（δ－杜松烯）	叶	Qin et al.（2010）
6	γ－cadinene（γ－杜松烯）	叶	Chieng et al.（2008）
7	cadinol（杜松醇）	叶	Qin et al.（2010）
8	α－cadinol（α－杜松醇）	叶	Chieng et al.（2008）
9	δ－cadinol（δ－杜松醇）	叶	Chieng et al.（2008）
10	T－muurolol	叶	Chieng et al.（2008）
11	cadinadiene（卡地那阶）	叶	Chieng et al.（2008）
12	β－eudesmol（β－桉叶醇）	叶	Hieu et al.（2014）
13	bicyclogermacrene（双环大牛儿烯）	叶	Qin et al.（2010）；Chieng et al.（2008）
14	germacrene D（大牛儿烯 D）	叶	Qin et al.（2010）；Chieng et al.（2008）
15	germacrene B（大牛儿烯 B）	叶	Qin et al.（2010）；Chieng et al.（2008）
16	bicyclogermacrene（双环大牛儿烯）	叶、果实、茎干	Chieng et al.（2008）；Rameshkumar et al.（2017）
17	β－caryophyllene（β－石竹烯）	叶	Qin et al.（2010）
18	caryophyllene oxid（石竹烯氧化物）	叶	Chieng et al.（2008）
19	*trans*－caryophyllene（反式石竹烯）	叶	Qin et al.（2010）
20	α－humulene（α－律草烯）	叶、果实	Hieu et al.（2014）；Chieng et al.（2008）；Rameshkumar et al.（2017）
21	(E)－nerolidol［(E)－橙花叔醇］	叶	Hieu et al.（2014）
22	*cis*－caryophyllene（顺式丁香烯）	叶	Qin et al.（2010）
23	α－farnesene（α－法呢烯）	叶	Chieng et al.（2008）

续表

编　号	名　称	部　位	文献来源
24	E,Z−farnesol（E,Z−法尼醇）	叶	Chieng et al.（2008）
25	E,E−farnesol（E,E−法尼醇）	叶	Chieng et al.（2008）
26	guaiol（愈创木醇）	叶	Chieng et al.（2008）
27	aromadendrene（香橙烯）	叶	Qin et al.（2010）； Hieu etal.（2014）
28	spathulenol（桉油烯醇）	叶	Chieng et al.（2008）
29	(−)−alloaromadendrene[(−)−香树烯]	叶	Qin et al.（2010）
30	β−guaiene（β−愈创木烯）	叶	Chieng et al.（2008）
31	bicycloelemene（丁子香酚）	叶	Hieu et al.（2014）
32	β−cubebene（β−荜澄茄烯）	叶、果实	Rameshkumar et al.（2017）
33	bicycloelemene（丁子香酚）	叶	Qin et al.（2010）； Chieng et al.（2008）
34	cedarene（雪松烯）	叶	Qin et al.（2010）
35	β−elemene（β−榄香烯）	叶	Qin et al.（2010）
36	elemol［榄(香)醇］	叶、果实	Rameshkumar et al.（2017）
37	δ−elemene（δ−榄香烯）	茎干	Rameshkumar et al.（2017）
38	γ−elemene（γ−榄香烯）	叶	Chieng et al.（2008）
39	β−bisabolol（β−红没药醇）	叶	Chieng et al.（2008）
40	β−bourbonene（β−波旁烯）	叶	Qin et al.（2010）
41	α−ionone（α−紫罗兰酮）	叶	Chieng et al.（2008）
42	limonene（双戊烯）	叶	Qin et al.（2010）
43	α−terpineol（α−松油醇）	叶	Qin et al.（2010）
44	4−terpineol（4−松油醇）	叶	Qin et al.（2010）
45	α−phellandrene（α−水芹烯）	叶	Chieng et al.（2008）
46	piperitone（胡椒酮）	叶	Chieng et al.（2008）
47	dihydrocarveol（二氢香芹醇）	叶	Chieng et al.（2008）
48	*trans*−β−ocimene（反式β−罗勒烯）	叶	Qin et al.（2010）
49	myrcene（月桂烯）	叶	Qin et al.（2010）
50	nerol（橙花醇）	叶	Qin et al.（2010）
51	α−thujene（α−侧柏烯）	叶	Qin et al.（2010）
52	α−pinene（α−蒎烯）	叶	Qin et al.（2010）
53	β−pinene（β−蒎烯）	叶	Qin et al.（2010）

续表

编 号	名 称	部 位	文献来源
54	terpene（萜烯）	叶	Qin et al.（2010）
55	linalool（芳樟醇）	叶	Qin et al.（2010）； Hieu et al.（2014）
56	*trans*－2－butenylbenzene（反式2－丁烯基苯）	叶	Hieu et al.（2014）
57	(E)－cinnamic acid［(E)－肉桂酸］	叶	Hieu et al.（2014）
58	3,4,5－trimethoxycinnamic acid （3,4,5－三甲氧基肉桂酸）	根、茎干	Bokesch et al.（2011）
59	eugenol（丁香酚）	叶	Chieng et al.（2008）
60	cinnamyl alcohol（肉桂醇）	叶	Chieng et al.（2008）
61	methyl 3－phenylpropionate（3－苯丙酸甲酯）	叶	Qin et al.（2010）
62	benzyl alcohol（苯甲醇）	叶	Hieu et al.（2014）
63	safrole（黄樟素）	叶	Qin et al.（2010）
64	myristicin（肉豆蔻醚）	叶	Qin et al.（2010）； Rameshkumar et al.（2017）
65	apiole（洋芹脑）	果实、根	Rameshkumar et al.（2017）
66	asaricin（细辛醚）	根、叶	Masuda et al.（1991）； Hematpoor et al.（2018）
67	1－allyl－2,6－dimethoxy－3,4－methyle －nedioxybenzene(1－烯丙基－2, 6－二甲氧基－3,4－间亚乙二氧基苯)	叶	Masuda et al.（1991）
68	γ－asarone（isoasarone）（γ－细辛脑）	叶	Masuda et al.（1991）； Qin et al.（2010）
69	*trans*－asarone（反式细辛脑）	叶	Likhitwitayawuid et al.（1987）； Qin et al.（2010）
70	methyl eugenol（甲基丁香酚）	叶	Qin et al.（2010）； Chieng et al.（2008）
71	elemicin（榄香素）	叶、 果实、 根	Qin et al.（2010）； Rameshkumar et al.（2017）
72	*cis*－asarone（顺式细辛脑）	叶	Qin et al.（2010）
73	butyl phthalate（邻苯二甲酸二丁酯）	叶	Qin et al.（2010）
74	benzyl benzoate（苯甲酸苄酯）	叶	Hieu et al.（2014）
75	benzyl salicylate（水杨酸苄酯）	叶	Hieu et al.（2014）
76	isobutyl phthalate（邻苯二甲酸二异丁酯）	叶	Qin et al.（2010）
77	bis（2－ethylhexyl）phthalate ［邻苯二甲酸二（2－乙基己）酯］	叶	Qin et al.（2010）

续表

编　号	名　称	部　位	文献来源
78	pipataline（哌他林）	果实、根	Rameshkumar et al.（2017）
79	phytol（叶绿醇）	叶	Qin et al.（2010）
80	1－(3,4－methylenedioxyphenyl)－1E－tetra decene [1－(3,4－亚甲基二氧苯基)－1E－十四烯]	果实	Likhitwitayawuid et al.（1987）；Rukachaisirikul et al.（2004）
81	5－methylundecane（5－甲基十一烷）	叶	Hieu et al.（2014）
82	ethyl laurate（月桂酸乙酯）	叶	Chieng et al.（2008）
83	hexadecanamide（十六碳酰胺）	叶	Hieu et al.（2014）
84	*n*－tridecane（*n*－十三烷）	叶	Qin et al.（2010）
85	*n*－pentadecane（*n*－正十五烷）	叶	Hieu et al.（2014）
86	*n*－heptadecane（*n*－正十七烷）	叶	Qin et al.（2010）
87	eicosane（正二十烷）	叶	Hieu et al.（2014）
88	docosane（二十二烷）	叶	Hieu et al.（2014）
89	heptacosane（正二十七烷）	叶	Hieu et al.（2014）

（Sun et al.，2020）

在假蒟挥发油中有40个倍半萜类化合物（表3.1中编号1～40）和15个单萜类化合物（表3.1中编号41～55）被人们分离并鉴定了出来。倍半萜类化合物由3个异戊二烯单位构成，含15个碳原子，而单萜类化合物是由2个异戊二烯单位构成。越来越多的研究表明，倍半萜类化合物具有多种生物活性。例如，反式石竹烯（表3.1中编号19）具有抑制幼虫、解痉挛，缓解急性和慢性疼痛的特点，并对化学性诱导的癫痫和脑损伤具有潜在的保护作用；桉油烯醇（表3.1中编号28）具有免疫调节活性。此外，从马来西亚采集的假蒟叶片中已分离出许多倍半萜烯烃类化合物。目前，从假蒟中分离鉴定的倍半萜类化合物包括二环类、单环类和开环类化合物。从结构上分析，大多数是桉树烷烃类和基马兰烷类结构，少数是愈创木酚类、植烷类和大根香叶烷（germacrane）类结构。桉油烯醇属于5,10－环嘌呤倍半萜烯，由芳香族腺嘌呤骨架的C5－C10环化生成。大牛儿烯B（表3.1中编号15）是吉马烯（germacrene）型的单环倍半萜类结构，其中，环十二烷环的基本骨架被异丙基和两个甲基所取代。

假蒟挥发油中存在大量的苯丙烷类（表3.1中编号56～72）化合物。简单的苯丙氨酸化合物的母体核心具有C6－C3单元，其通过肉桂酸途径合成，属于苯丙氨酸衍生物。从假蒟中分离出的简单的苯丙酸类化合物包括苯丙烯、苯丙酸、苯丙醇和亚苯丙烯，它们具有显著的抗真菌、杀虫和抗癌活性。研究发现，从假蒟中分离出的苯丙胺类生物活性物质对各种微生物（如大肠杆菌和枯草芽孢杆菌）表现出显著的细胞毒性。已发现细辛醚（表3.1中编号66）和反式细辛脑（表3.1中编号69）对蚊子和其他昆虫（尤其是幼虫）具有抑制作用，主要是抑制虫卵的成活率。细辛醚通过阻断乳腺癌细胞（MDA－MB－231）的细胞周期，促使其凋亡而表现出抗癌活性。另外，1－烯丙基－2，

6－二甲氧基－3,4－间亚乙二氧基苯（表 3.1 中编号 67）具有对大肠杆菌和枯草芽孢杆菌的完全抑制活性。由苯环和二噁英异构体融合而成的肉豆蔻醚（表 3.1 中编号 64）属于苯并二恶唑类有机化合物，在假蒟挥发油中含量较高，具有杀灭昆虫幼虫、控制昆虫采食的生物活性。肉豆蔻醚作为假蒟挥发油中的重要组成成分，已吸引了大量的学者对其进行研究。

假蒟挥发油的主要成分因假蒟的产地不同而有所不同。产自越南的假蒟挥发油主要成分为苯甲酸苄酯（表 3.1 中编号 74）、苯甲醇（表 3.1 中编号 62）、水杨酸苄酯（表 3.1 中编号 75）和反式 2－丁烯基苯（表 3.1 中编号 56），分别占到总挥发油的 49.1%、17.9%、10.0%和 7.9%。而产自中国的假蒟叶片挥发油中超过一半的成分为倍半萜和烷烃的含氧化合物。产自马来西亚的假蒟挥发油含有大量的倍半萜烯类，而产自印度的假蒟，其挥发油中肉豆蔻醚（表 3.1 中编号 64）的含量很高。假蒟挥发油成分和含量的区别对于不同产地假蒟的质量控制非常重要。

假蒟富含挥发油，其中的倍半萜烯类和苯丙烷类化合物，包括反式石竹烯、桉油烯醇、肉豆蔻醚、细辛醚、1－烯丙基－2,6－二甲氧基－3,4－间亚乙二氧基苯和反式细辛脑是其主要成分，具有抗昆虫和抗炎活性。假蒟挥发油中主要化合物结构式如图 3.1 所示。

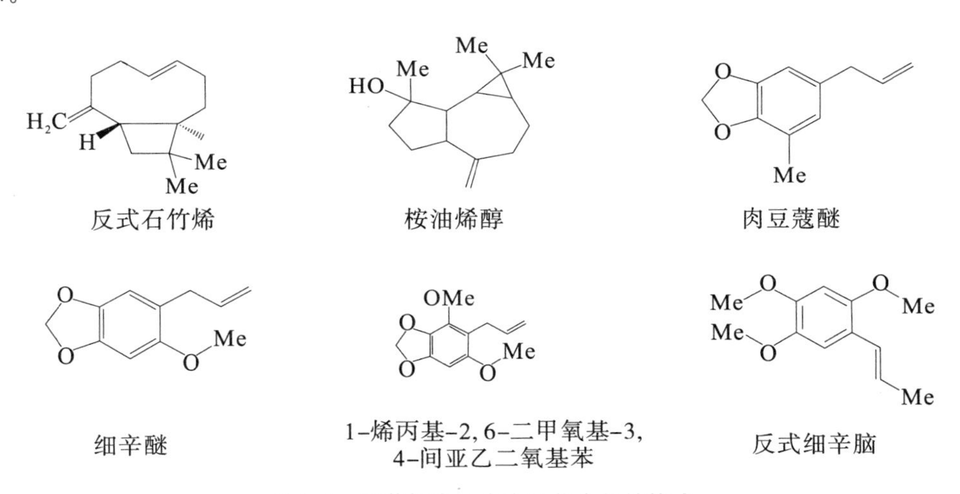

图 3.1 假蒟挥发油中主要化合物结构式

近年来，植物源化合物作为未来杀虫剂的替代物受到人们越来越多的关注。与合成化学类杀虫剂相比，植物源杀虫剂具有低毒、低抗性，对环境影响小，对非目标生物影响小的优点。Intirach 等（2016）研究发现，假蒟挥发油对埃及伊蚊具有显著的杀灭活性，其杀灭活性率达到 100%，表明假蒟挥发油作为可降解生物杀虫剂具有巨大的开发潜力。目前，植物天然成分抗虫研究主要集中在几种单体的活性上，有关抗虫性的研究仍处于起步阶段。与传统的杀虫剂相比，单纯的植物挥发油由于其有效成分不明、杀虫效果不显著而限制了它的应用。因此，开发高效绿色的天然植物杀虫剂还需要对其杀虫机理做更深入地研究。

植物挥发油作为抗生素促生长剂的潜在替代物，近年来受到人们的广泛关注。其已知的作用方式是：通过抑制动物肠道有害菌的生长来增加肠道有益菌的数量，进而达到调节肠道微生物区系的目的。这对于处于应激阶段的畜禽，如断奶仔猪和饲养于较差环境的动物尤为重要。肠道健康菌群的稳定，可以减少动物接触微生物有害代谢产物（如氨和生物胺等），进而缓解动物可能存在的免疫抑制状态。同时，植物挥发油还可以刺激动物肠道消化液和消化酶的分泌，改善肠道形态，提高肠道对养分的消化和吸收，进而促进动物的生长。

3.2 生物碱类

生物碱是存在于自然界（主要存在于植物，但有的也存在于动物）中的一类含氮的碱性有机化合物，具有明显的生物活性（如抗菌和抗炎活性），是许多中草药的有效成分。生物碱类化合物种类很多，并不断有新的生物碱类化合物被人们发现。目前，较常用的分类方法是根据生物碱的化学结构进行分类，包括有机胺类、吡咯烷衍生物类、喹啉衍生物类、异喹啉衍生物类、嘌呤衍生物类等生物碱。也有根据来源植物命名的，如胡椒碱因来源于胡椒而得名。

胡椒属植物中富含酰胺类生物碱，从假蒟茎、叶中分离鉴定出的生物碱类化合物见表3.2。

表3.2 假蒟茎、叶中分离鉴定出的生物碱类化合物

编号	名称	部位	文献来源
90	sarmentamide B	根	Tuntiwachwuttikul et al.（2006）
91	pyrrole amide（吡咯酰胺）	果实、根	Likhitwitayawuid et al.（1987）；Tuntiwachwuttikul et al.（2006）
92	sarmentamide A	根	Tuntiwachwuttikul et al.（2006）
93	(1E,3S)−1−cinnamoyl−3−hydroxypyrrol−idine	地上部分	Shi et al.（2017）
94	sarmentamide D	地上部分	Shi et al.（2017）
95	langkamide	根、茎	Bokesch et al.（2011）
96	sarmentomicine	叶	Sim et al.（2009）
97	sarmentamide C	根	Tuntiwachwuttikul et al.（2006）
98	3′,4′,5′−trimethoxycinnamoyl pyrrolidine	果实	Rukachaisirikul et al.（2004）
99	demethoxypiplartine	地上部分	Shi et al.（2017）
100	piplartine（荜茇明碱）	根、茎	Bokesch et al.（2011）
101	sarmentine（假蒟亭碱）	果实、根	Likhitwitayawuid et al.（1987）；Rukachaisirikul et al.（2004）；Tuntiwachwuttikul et al.（2006）
102	1−nitrosoimino−2,4,5−trimethoxybenzene	根	Ee et al.（2009）

续表

编号	名称	部位	文献来源
103	pellitorine（墙草碱）	地上部分、果实、根	Stöhr et al.（1999）；Likhitwitayawuid et al.（1987）；Tuntiwachwuttikul et al.（2006）；Rukachaisirikul et al.（2004）
104	N－Isobutyl－2E,4E－decadienamide	地上部分	Stöhr et al.（1999）
105	N－Isobutyl－2E,4E－dodecadienamide	地上部分	Stöhr et al.（1999）
106	N－Isobutyl－2E,4E－tetradecadienamide	地上部分	Stöhr et al.（1999）
107	N－Isobutyl－2E,4E－hexadecadienamide	地上部分	Stöhr et al.（1999）
108	N－Isobutyl－2E,4E－octadecadienamide	地上部分	Stöhr et al.（1999）
109	N－2′－Methylbutyl－2E,4E－decadienam	地上部分	Stöhr et al.（1999）
110	piperine（胡椒碱）	全株	Hussain et al.（2009）；Shi et al.（2017）
111	sarmentosine（垂盆草甙）	地上部分、果实、根	Likhitwitayawuid et al.（1987）；Rukachaisirikul et al.（2004）；Shi et al.（2017）；Tuntiwachwuttikul et al.（2006）
112	brachyamide B	果实、根	Rukachaisirikul et al.（2004）；Chanprapai et al.（2017）；Tuntiwachwuttikul et al.（2006）
113	1－piperettyl pyrrolidine	果实	Rukachaisirikul et al.（2004）
114	N－[9－(3,4－methylenedioxyphenyl)－2E,4E,8E－nonatrienoyl]－pyrrolidine	根	Tuntiwachwuttikul et al.（2006）
115	1－[(2E,4E,9E)－10－(3,4－methylenedioxyphenyl)－2,4,9－undecatrienoyl] pyrrolidine	地上部分	Shi et al.（2017）
116	guineensine（几内亚胡椒酰胺）	果实、根	Rukachaisirikul et al.（2004）；Chanprapai et al.（2017）；Tuntiwachwuttikul et al.（2006）
117	brachystamide B（短囊藻酰胺 B）	果实、根	Rukachaisirikul et al.（2004）；Chanprapai et al.（2017）；Tuntiwachwuttikul et al.（2006）

（Sun et al.，2020）

在这些生物碱类化合物中，不饱和吡咯烷酮酰胺类生物碱占大多数，其中胡椒碱（表 3.2 中编号 110）是其重要成分。胡椒碱存在于假蒟全株的乙醇提取物中，对部分虫类具有显著的灭杀活性。此外，胡椒碱还可以用来预防关节炎、糖尿病等自身免疫性疾病，有抗肿瘤转移的作用，同时对肝脏具有高效的保护作用。研究发现，从假蒟中分离的假蒟亭碱（表 3.2 中编号 101）具有很好的抗疟原虫活性，而且对结核病也能起到相应的治疗效果。brachyamide B（表 3.2 中编号 112）具有较强的抗真菌活性，而垂盆草甙（表 3.2 中编号 111）也表现出较强的抗真菌和杀虫活性。研究表明，酰胺类生物碱也可用作抗氧化剂，与水提取物相比，乙醇提取物中酰胺类生物碱具有更强的抗氧化活性。相关研究还证实了假蒟中墙草碱（表3.2中编号103）、垂盆草甙（表3.2中编号111）、brachyamide B（表3.2中编号112）和几内亚胡椒酰胺（表3.2中编号116）的抗肿瘤和抗结核活性，对于开发抗癌和抗结核药物具有重要意义。

假蒟提取物中生物碱的抗疟原虫活性与其中包含N-吡咯烷2E,4E-二酰胺的结构有重要关系。研究发现，其抗结核活性与不饱和酰胺官能团的3,4-亚甲基二氧乙烯基苯乙烯末端基团或末端烷基链2E,4E-二酰胺官能团结构有重要关系。然而，1-(3,4-亚甲基二氧苯基)-1E-十四烯（表3.1中编号80）的抗结核活性与3,4-亚甲基二氧苯基和末端烷基链结构直接相关。另外，这些组分的抗真菌活性与含有α,β-不饱和胺和不饱和脂肪链结构有关。总之，不同生物碱类化合物的抗真菌活性与其结构活性有关，不同取代基的位置也对其活性有一定程度的影响。

生物碱类化合物是假蒟提取物中的特征性和主要的生物活性成分，具有广泛的药理作用，如抗真菌、杀虫、抗肿瘤和抗结核病活性，以及对心血管疾病的保护作用。特别是从假蒟中分离出的生物碱类化合物，如假蒟亭碱、墙草碱、胡椒碱、brachyamide B和几内亚胡椒酰胺等，具有显著的杀虫、抗真菌和抗癌活性，引起了全世界研究人员的关注，并已成为热门研究项目。假蒟提取物中主要生物碱类化合物的化学结构式如图3.2所示。

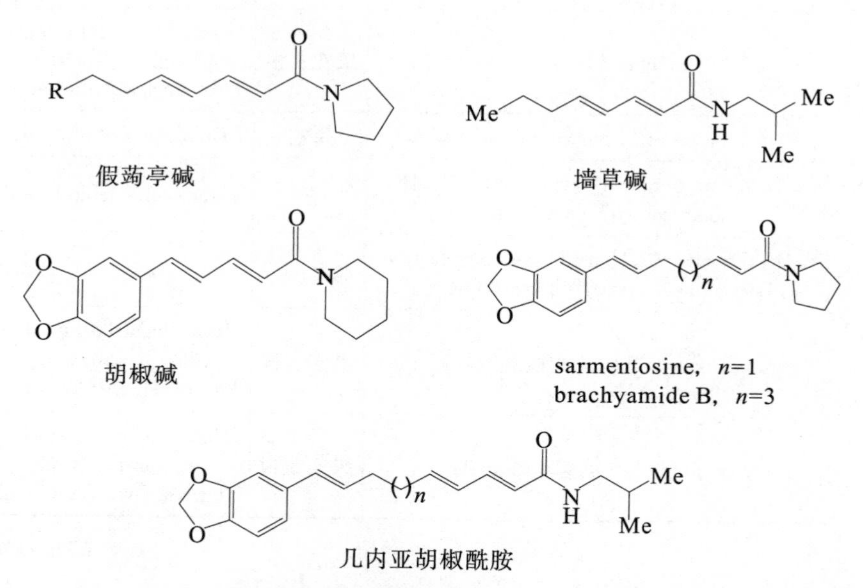

图3.2　假蒟提取物中主要生物碱类化合物的化学结构式

3.3 其他化合物

假蒟提取物中还含有以 C6－C3－C6 作为基本骨架的黄酮类化合物。作为植物中广泛存在的次生代谢产物，黄酮类化合物具有广泛的生物活性，包括清除自由基、抗氧化、调节脂质代谢、提高免疫力、降血糖、降血脂、抑菌、抗病毒和抗肿瘤等活性，还能促进蛋白质吸收，对畜禽的生长、代谢、繁殖及免疫都有一定的促进作用。通常动物机体可通过肠腔内微生物将其降解或代谢，最后以葡萄糖醛酸的形式从尿液中排出。

目前，已发现假蒟中的黄酮类化合物有 14 种，见表 3.3。柚皮素（表 3.3 中编号 122）在假蒟叶片中含量较高，能够清除自由基，增强机体免疫功能。有研究表明，假蒟中的总黄酮含量可以达到 120.5 mg/kg，主要包括杨梅素（表 3.3 中编号 119）、槲皮素（表 3.3 中编号 120）和芹菜素（表 3.3 中编号 121）等黄酮类成分。Pan 等（2011）从假蒟提取物中首次分离、鉴定出 4 种新的 C－苄基化二氢黄酮，包括 sarmentosumins A（表 3.3 中编号 131），sarmentosumins B（表 3.3 中编号 126），sarmentosumins C（表 3.3 中编号 127）和 sarmentosumins D（表 3.3 中编号 129），并首次发现了这些化合物可促使人结肠癌细胞 HT－29 凋亡。研究发现，其乙醇提取物中的芦丁（表 3.3 中编号 125）具有出色的抗结核和抗氧化活性。假蒟提取物中主要黄酮类化合物的化学结构见图 3.3。

表 3.3 假蒟提取物中的黄酮类化合物

编 号	名 称	部 位	文献来源
118	vitexin（牡荆素）	叶	Ugusman et al.（2012）
119	myricetin（杨梅素）	全株	Mieanet et al.（2001）
120	quercetin（槲皮素）	全株	Mieanet et al.（2001）
121	apigenin（芹菜素）	全株	Mieanet et al.（2001）
122	naringenin（柚皮素）	叶	Subramaniam et al.（2003）
123	7－methoxychamanetin（7－甲氧基矮紫玉盘素）	地上部分	Pan et al.（2011）
124	isochamanetin（异矮紫玉盘素）	地上部分	Pan et al.（2011）
125	rutin（芦丁）	根和果实	Hussain et al.（2009）
126	sarmentosumins B	地上部分	Pan et al.（2011）
127	sarmentosumins C	地上部分	Pan et al.（2011）
128	dichamanetin（双矮紫玉盘素）	地上部分	Pan et al.（2011）
129	sarmentosumins D	地上部分	Pan et al.（2011）
130	2‴－hydroxy－5″－benzylisouvarinol－B	地上部分	Pan et al.（2011）
131	sarmentosumins A	地上部分	Pan et al.（2011）

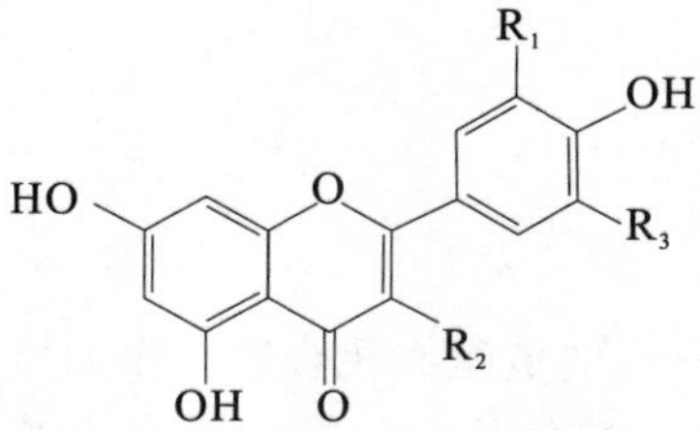

杨梅素、槲皮素、芹菜素

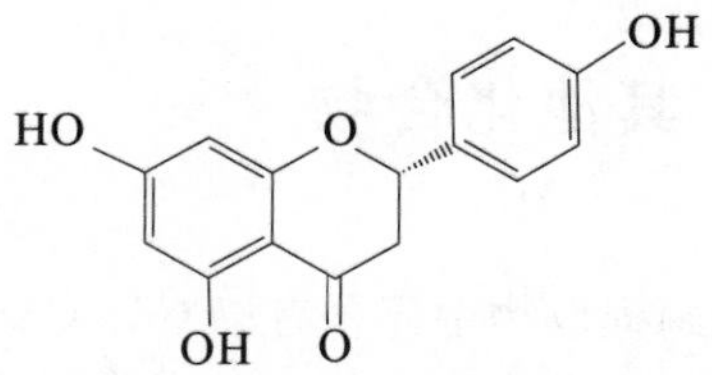

柚皮素

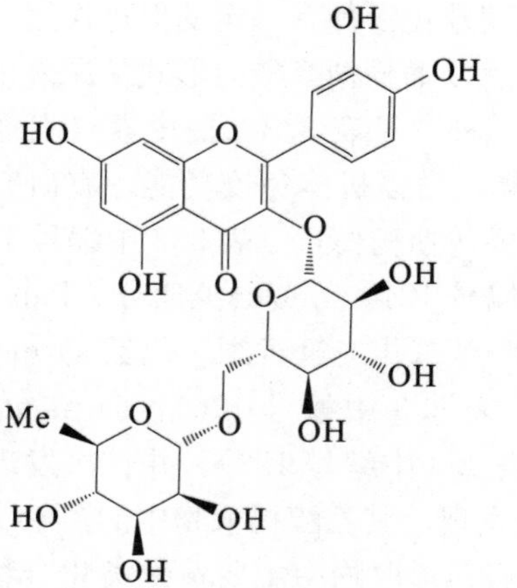

芦丁

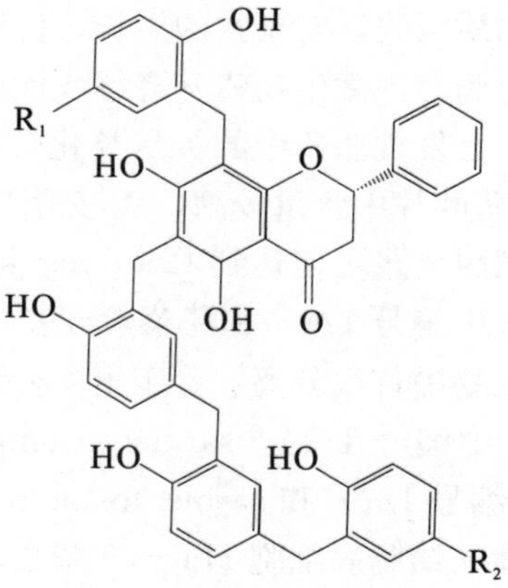

sarmentosumins B；
sarmentosumins C；
sarmentosumins D；

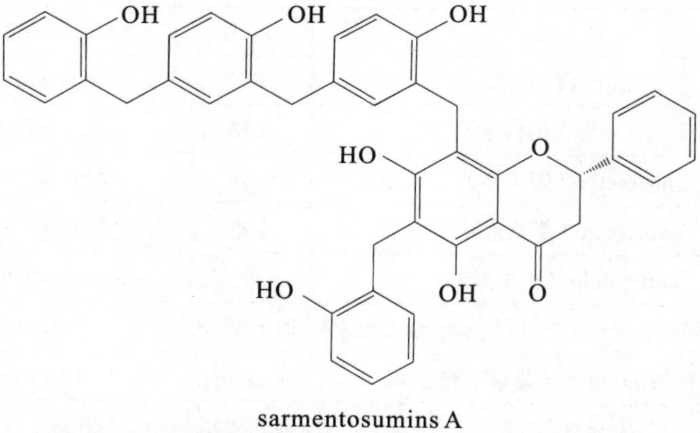

sarmentosumins A

图 3.3 假蒟提取物中主要的黄酮类化合物的化学结构式

假蒟中还含有 β－sitosterol、methyl piperate、stigmasterol、asarinin 和 sesamin。此外，通过核磁共振（Nuclear Magnetic Resonance，NMR）和质谱技术（Mass Spectrun，MS）在假蒟中鉴定出 6 种烷基酚类化合物（sarmentosumols A～F）。其中，sarmentosumols A 对金黄色葡萄球菌表现出较强的抑制作用。

4 假蒟植株各部位活性成分及代谢谱研究

近年来，随着生命科学技术研究的飞速发展，植物科学领域也发生了翻天覆地的变化。从研究 DNA 的基因组学、信使 RNA（mRNA）的转录组学和蛋白质的蛋白组学发展到研究代谢物的代谢组学，组学技术研究也越来越受到人们关注。本书作者团队通过植物代谢物组学平台技术，开展了对同科同属植物新鲜假蒟和华山蒌（华山蒟）的根、茎和叶等部位活性成分及其影响的代谢谱研究。

4.1 系统生物学概述

生命现象是包含基因、mRNA、蛋白质、代谢产物、细胞、组织、器官、个体和群体各个层次有机结合和共同作用的结果。20 世纪，生物医学取得了巨大的成就，系统生物学的概念也于 1999 年被人们提出。系统生物学（Systems Biology）是指研究生物系统组成成分的构成与相互关系的结构、动态与发生，以系统论和实验、计算方法整合研究为特征的生物学分支。系统生物学不同于以往只关心个别基因和蛋白质的分子生物学，而在于全面解析复杂多样的细胞信号传导和基因调控网络、生物系统组成之间相互关系的结构和系统功能。系统生物学的组成要素包括基因组学、转录组学、蛋白质组学和代谢组学。基因组学主要研究生物系统的基因结构组成，即 DNA 序列及其表达；转录组学主要研究基因转录的情况及转录调控规律；蛋白质组学主要研究生物系统表达的蛋白质及由外部刺激引起的变化；代谢组学主要研究生物体系受刺激后代谢物的总体的变化规律。因此，系统生物学的核心是对生物体从基因、细胞、组织到个体的多层次研究。

4.2 代谢组学概述及研究进展

近年来，代谢组学（Metabonomics）作为研究细胞和生物体的多种代谢中间体和终产物（即代谢组）的一门新兴学科，得到了飞速发展并渗透到了多项领域。代谢组学是效仿基因组学和蛋白质组学的研究思想，对生物体内所有代谢物进行定量分析，并寻找代谢物与生理、病理变化的相对关系的研究方式，是系统生物学的组成部分。其研究对象大多是相对分子量在1000以内的小分子物质。

代谢组学的中心任务主要包括以下3个方面：

（1）对生物体液和生物组织中内源性代谢物质进行系统检测和分析。

（2）对生物体在受到病理或生理上的刺激所带来的代谢组的动态变化进行量化，从而得到生物体代谢随时间及生化过程的变化而改变的信息。

（3）建立代谢特征或代谢时空变化规律与生物体特征性变化之间的有机联系，从而确定此变化规律相关的靶器官和作用部位，进而确定相关的生物标志物。

代谢组学的研究流程包括以下5个步骤：

（1）样本采集：实验设计和实施、生物样本采集、保存和制备。

（2）数据检测：样本预处理、代谢物分离和检测。

（3）数据分析：谱图预处理、数据整合、多元统计分析、特征代谢物辨识和筛选。

（4）结合单变量统计分析（*P* 值和 *FC* 值）和多变量统计分析结果（相关系数和 *VIP* 值）。

（5）生物内涵：代谢通路分析、生物学意义的挖掘和解释。

代谢组学的分析方法有液相－质谱联用（LC－MS）、气相－质谱联用（GC－MS）、核磁共振（NMR）、亲水作用色谱、毛细管电泳－质谱等。其中，NMR、GC－MS和LC－MS是目前最常用的分析方法，它们的优缺点具体如下：

（1）NMR具有无破坏性、无偏向性、速度快，可实现动态监测，可检测生物整体等优点，但灵敏率较低。

（2）GC－MS的优点体现在灵敏度高，具有相对完善的数据库，定性也更为准确，但存在样品处理复杂，对不易衍生化的物质定性和定量较困难的缺点。

（3）LC－MS的优点为实验重复性好、分辨率高、分离和分析范围广，其缺点为样本需要离子化、数据库完善程度不够、定性相对困难。

代谢组学的研究领域包括以下9个方面：

（1）毒理研究领域。

在毒理研究领域，最为瞩目的是Consortium for Metabonomic Toxicology（COMET）计划，其旨在建立代谢组数据库，并为目标器官及其位点的毒性建立预测性专家系统。目前，已经建立了第一个基于机器学习的实验室啮齿动物肝脏和肾脏毒性预测的专家系统。

（2）药物代谢及安全性评价领域。

在药物开发阶段，代谢组学不仅可以进行早期活体毒理测试，而且能为药物分子的筛选提供依据。在进行药物临床应用前，它能帮助人们确定药物的安全性生物标记物和代谢表型，评价将动物模型实验应用于人类疾病的可行性。

（3）病理诊断及病理生理学领域。

代谢组学分析方法在病理诊断及病理生理学领域不断获得人们的广泛认可。该方法旨在通过对生物标记物的寻找和相关代谢网络的研究，探寻生物标记物的代谢途径和疾病的产生机理，实现对疾病的诊断。

（4）食品安全及质量控制领域。

确保人们能吃上安全放心的食物，是维护人们生命健康的必要措施。企业和消费者对食品质量要求不断提高，促进了食品科学分析方法和技术的不断更新和改进。代谢组学技术和多变量统计分析技术是食品溯源分析和掺假鉴别的有效手段之一。

（5）中医药现代化领域。

代谢组学有可能在中医“病、症、方”的研究体系中发挥作用，以利于规范中医基于症的诊断标准、探索症候的动态内涵和演变规律，以及提示症与疾病疗效的相关性和科学性。另外，代谢组学对中药质量控制、整体疗效和中药安全性也进行了初步研究。

（6）环境科学领域。

环境代谢组学是研究生物体与生态环境相互作用，探讨生物体应对生态环境影响作用的代谢概况的一门学科。目前，环境代谢组学主要应用于：①评价生命有机体（如陆生、水生动植物）对环境中化学污染物暴露的代谢影响。②挖掘生物标记物，探索生态毒理性。③监测环境因子（如冷、热、缺氧等）对生物体的代谢轮廓的影响。④研究诊断野生水生动物受环境作用引起的疾病代谢。

（7）营养代谢研究领域。

代谢组学的分析方法可以帮助识别与常量营养物的最终摄入效应相关的代谢物，并且有助于定义各种常量营养物的正常摄入范围。营养代谢组学（Nutrimetabolomics）主要探究在不同健康状态下与营养相关疾病对机体造成的代谢变化。这些变化为探索不同饮食或营养条件下机体内的细胞、组织和器官的生物标记物，代谢整体水平以及代谢作用机制，并为机体的动态健康状况进行诊断和营养搭配提供新的策略。

（8）微生物研究领域。

微生物代谢组学是在特定的条件下分析微生物体系中所有代谢物的动态变化。微生物代谢组学不仅反映了基因、转录和环境等作用的最终结果，还为发现新的标记代谢物和代谢网络中复杂的相互作用提供信息，在微生物分类、突变体筛选、发酵工艺的监控和优化、微生物降解环境污染物以及人体健康（如口腔、肠道）等方面都有着重要应用。

（9）植物领域。

植物独特的次生代谢可产生超过20万种次生代谢产物，使植物很好地适应环境的变化。植物类中药的次生代谢产物往往是与药效相关的活性成分，可作为研究药用植物药效学的基础。

4.3　植物代谢组学的研究进展

2002 年 4 月，第 1 届植物代谢组学大会在荷兰举行，其间成立了国际植物代谢组学委员会（International Committee Plant Metabolomics，ICPM），并建立了该委员会的官方网站，大大促进了全世界植物代谢组学领域学者间的交流，为推动植物代谢组学的发展奠定了坚实的基础。植物代谢组学是指在特定的环境条件下，选取植物单个细胞或器官中的所有代谢物动态地进行定性定量的分析，进而监测不同环境条件下植物的代谢物的变化的一门学科。与其他领域的代谢组学方法相比，植物代谢体系庞大而复杂，它们的代谢物极性不一、化学性质各异，植物细胞中的稳定性及浓度均存在差异。目前，国内外开展的植物代谢组学研究工作主要有：

（1）指导植物的分类（如转基因植物和野生植物）；

（2）确定植物代谢受到外部环境刺激的变化规律；

（3）区分不同基因型和区域性植物以及它们的药理作用差异；

（4）发现新的功能基因等。

随着组学技术的快速发展，针对植物代谢组学的相关研究也日益增多。田晓明等（2021）基于代谢组学平台，采用超高效液相色谱串联四级杆飞行时间质谱（UHPLC-QTOF/MS）技术对国家二级保护植物半枫荷（*Semiliquidambar cathayensis* H. T. Chang）不同组织的化学成分种类和差异代谢物进行了检测和鉴定分析。检测和分析结果显示，半枫荷的叶片、茎和根中共检测出 169 个代谢物，其中差异代谢物有 38 个。不同组织中共有的差异代谢物主要有 5 个（柠檬酸、山柰酚 3-*O*-桑布双糖苷、3-*β*-羟基齐墩果酸丁二酸单酯、1-*O*-乙酰基-*α*-麦芽糖和胞苷），其中，与根、茎相比，叶片的差异代谢物主要为黄酮类、萜类和多糖类化合物，且大部分差异黄酮类化合物富集明显。此外，三萜化合物是区分半枫荷不同组织的重要差异性物质。周国洪等（2020）运用超高效液相-质谱联用技术研究分析地黄蒸制前后化学成分的变化，阐明生熟地黄之间的差异性，发现生地黄组和熟地黄组间存在明显差异。当地黄蒸制后，环烯醚萜苷元、单糖和 5-羟甲基糠醛等化合物的含量显著增加，氨基酸和环烯醚萜苷类化合物的含量显著降低，以此可推测地黄蒸制后可能受到美拉德反应的影响，导致其颜色加深。同时，果糖和半乳糖的含量明显上升是熟地黄质地变黏、味由苦转甘的原因。另外，生、熟地黄功效存在差异可能是由于环烯醚萜苷类成分含量显著下降，而环烯醚萜苷元成分含量显著上升引起的。Chen 等（2020）利用植物代谢组学技术研究了共生萌发与非共生萌发的铁皮石斛种子中的内源激素含量，发现共生萌发的铁皮石斛种子与非共生萌发的铁皮石斛种子相比，在幼苗发育阶段赤霉素、脱落酸的比值更高，吲哚乙酸含量更高，这可能是使铁皮石斛种子接菌后胚更快地生长发育与组织分化的主要原因。Qin 等（2019）对柔毛淫羊藿叶片的 4 个生长阶段的代谢物组成进行了靶向代谢组学分析，得到了淫羊藿叶片的主要成分及开花后叶片中黄酮类化合物含量的变化规律，发现多数黄酮类化合物、单宁类化合物、木脂素类化合物和香豆素类化合物含量均随淫羊藿的生长而增加。总之，植物代谢组学在揭示植物的生长发育、适应不同体内环境的分子机制、应对生物和非生物逆境过程中代谢产物差异变化及生源合成途径等方面的研究中发挥着越来越重要的作用。

4.4　两种胡椒科植物的代谢谱研究

代谢谱（Metabolic Profiling）是对生物体体液和组织中所有代谢物的总体变化进行研究，从而获得各种病理（或生理）过程在已知代谢途径中的总体表现。作者团队选用两种胡椒科植物（假蒟和华山蒟）作为研究对象，采用植物代谢组学技术对两种植物的不同部位（根、茎和叶）进行植物代谢物及代谢谱研究（Zhou et al.，2021）。

华山蒟（*Piper cathayanum* M. G. Gilbert & N. H. Xia）是一种胡椒科胡椒属植物，与假蒟同科同属。华山蒟主要分布于我国四川省、贵州省、广西壮族自治区、广东省及海南省，在密林中或溪涧边攀缘于树上生长。其形态特征如下：攀缘藤本，植株长约 5 m；幼枝被较密的软柔毛，老时脱落近无毛。叶纸质，呈卵形、卵状长圆形或长圆形，叶片长 8～15 cm，宽 3.5～6.5 cm，顶端钝或短尖，基部呈深心形，两耳圆，有时重叠，腹面无毛或有时中脉基部被疏毛，背面各处被短柔毛；叶脉有 7 条，通常对生，最上 1 对离基部 5～10 mm 从中脉发出，最外 1 对自基部横出 5～15 mm 长即弯拱网结，网状脉明显；叶柄长 1.0～1.5 cm，密被毛。花为单性，雌雄异株，聚集成与叶对生的穗状花序。雄花序长 2.5～4.0 cm，粗壮，开花时直径可达 5 mm；总花梗短于叶柄，被粗毛，直径约为 2 mm；花序轴无毛；苞片呈圆形，近无柄，盾状，直径约1.2 mm，无毛；雄蕊有 2 枚，花药为 2 裂，花丝极短。雌花序比雄花序短，花序轴和苞片与雄花序的无异；浆果为球形，无毛，直径约 2.5 mm，下部嵌生于花序轴中并与其合生。华山蒟每年的花期为 5—8 月。

4.4.1　样本采集与分组

研究人员分别采集假蒟和华山蒟新鲜的根、茎和叶等部位放入液氮中速冻，然后再取出放入－80℃冰箱保存。样本的分组信息为假蒟根组（PSR 组）、假蒟茎组（PSS 组）、假蒟叶组（PSL 组）、华山蒟根组（PCR 组）、华山蒟茎组（PCS 组）和华山蒟叶组（PCL 组）。

4.4.2　样本前处理

将所有样本冷冻干燥后，称取各样本 20 mg，分别加入 1000 μL 提取液［甲醇：乙腈：水=2：2：1（V/V/V），含内标 1 μg/mL］，涡旋混匀 30 s，然后采用研磨仪用 35 Hz功率研磨处理 4 min，再在冰水浴中超声 5 min，重复以上步骤 2～3 次，收集以上所有样本提取液于－40℃下静置 1 h，最后置于 4℃下以 12000 rpm 离心 15 min，取上清液放进样瓶中上机检测。同时，所有样品另取等量上清液混合成质量控制（QC）样品上机检测。

4.4.3 实验条件与原始数据前处理

使用由 Agilent Technologies 公司生产的 Agilent 1290 超高效液相色谱仪，通过 Waters ACQUITY UPLC HSS T3（2.1 mm×100 mm，1.8 μm）液相色谱柱对目标化合物进行分离。液相色谱 A 相为水相，正离子模式用含 0.1%的甲酸，负离子模式用含 5 mmol/L 的乙酸铵；B 相为纯乙腈，采用梯度洗脱：0～1 min，1% B；1～8 min，1%～99% B；8～10 min，99% B；10.0～10.1 min，99%～1% B；10.1～12.0 min，1% B。流动相流速为 0.5 mL/min，柱温为 35℃，样品盘温度为 4℃，进样体积为 3 μL。Thermo Q Exactive Orbitrap 质谱仪能够通过控制软件（Xcalibur，版本：4.0.27，Thermo 公司）采集一级、二级质谱数据。其详细参数如下：鞘气流速（sheath gas flow rate）为 45 arb；辅助气体流量（aux gas flow rate）为 15 arb；毛细管温度（capillary temperature）为 400℃，一级质谱全扫描分辨率（Full MS resolution）为 70000，二级质谱分辨率（MS/MS resolution）为 17500，碰撞能量（collision energy）在 NCE 模式中为 20、40、60，喷雾电压（spray voltage）为 4.0 kV（正离子模式）或−3.6 kV（负离子模式）。原始数据经 ProteoWizard 软件转成 mzXML 格式后，使用自主编写的 R 程序包（内核为 XCMS）进行峰识别、峰提取、峰对齐和积分等处理，然后与上海百趣公司自建的二级质谱数据库 BiotreeDB 匹配并进行物质注释，算法打分的节点（Cutoff）值设为 0.3。质谱平台的电离源为电喷雾型，有正离子模式（positive ion mode）和负离子模式（negative ion mode）两种。在检测代谢组时，两种电离模式结合使用可以使代谢物覆盖率更高，检测效果更佳。

4.4.4 数据统计分析方法

主成分分析（Principal Component Analysis，PCA）也称主分量分析，旨在利用降维的思想，把多指标转化为少数几个综合指标。PCA 可以揭示数据的内部结构，从而更好地解释数据变量。代谢组数据可以被认为是一个多元数据集，能够在一个高维数据空间坐标系中被显现出来，如此 PCA 就能够提供一幅低维度图像（二维或三维），展示为在包含信息最多的点上对原对象的“投影”，有效地利用少量的主成分使得数据的维度降低。由图 4.1 可知，图中横坐标 PC1 和纵坐标 PC2 分别表示排名第一和第二的主成分的得分，散点颜色和形状表示样本的实验分组。且样本全部处于 95%置信区间内。同一种植物植株不同部位（即 PSL 组、PSS 组、PSR 组之间以及 PCL 组、PCS 组、PCR 组）之间的得分分布比较离散，不同植物植株同一部位（即 PSL 组和 PCL 组之间、PSS 组和 PCS 组之间以及 PCR 组和 PSR 组之间）之间的得分区分并不明显。

基于代谢组学数据具有高维（检测出代谢物种类多）、小样本（检测样本量偏少）的特性，在这些变量中既包含与分类变量相关的差异变量，也包含大量互相之间可能存在关联的无差异变量。如果我们使用PCA模型或PLS回归模型进行分析，由于受到相关变量的影响，差异变量会分散到更多的主成分上，无法进行更好的可视化和后续分析。所以我们进一步采用正交偏最小二乘法判别分析（Orthogonal Projections to Latent Structures Discriminant Analysis，OPLSDA）法对结果进行。通过OPLSDA，我们可以过滤掉代谢物中与分类变量不相关的正交变量，并分别分析非正交变量和正交变量，从而获取更加可靠的代谢物组间差异与实验组的相关程度信息。由图4.2可知，图中横坐标t（1）P表示第一主成分的预测主成分得分，纵坐标t（1）O表示正交主成分得分，散点形状和颜色表示不同的实验分组。同一种植物（假蒟或华山蒟）的不同部位（即PSL组和PSR组、PSL组和PSS组、PCL组和PCS组、PCL组和PCR组之间）以及不同植物植株的同一部位（即PSL组和PCL组、PSS组和PCS组、PCR组和PSR组之间）的得分分布差异非常显著，样本全部处于95%置信区间内。

在上述分析的基础上，将差异显著性标准设为学生t检验（Student's t-test）的P值小于0.05，同时，OPLSDA模型中第一主成分的变量投影重要度（Variable Importance in the Projection，VIP）大于1的代谢物被判断为差异代谢物。*FC*值是指两个样本组之间代谢物浓度的差异倍数，*FC*值小于0.9表示下调或降低，*FC*值大于1.1表示上调或升高。然后，对差异代谢物的定量值计算欧氏距离矩阵（Euclidean Distance Matrix），以完全连锁方法对差异代谢物进行聚类，并以热力图进行展示。因此，对差异代谢物进行层次聚类分析（Hierarchical Clustering Analysis，HCA），有助于我们将具有相同特征的代谢物归为一类，并发现代谢物在实验组间的变化特征。

4.4.5 实验结果与分析

由图4.1（a）和图4.1（b）可知，样本组全部处于95%置信区间内。从假蒟或者华山蒟的根、茎和叶部位提取了2个主成分，累计方差贡献率分别为61.4%和65.4%，其中第一主成分贡献率分别为51.0%和52.5%。同一植物植株各部位分布在不同的象限，表明植株的根、茎和叶之间均能够很好地进行区分，而不同植物植株同一部位之间聚集在同一象限内，表明其具有一定的相似性，即存在共同的代谢物。

进一步采用OPLSDA，显示同一植物植株各部位之间［图4.2（a）、图4.2（c）］以及不同植物植株同一部位之间［图4.2（b）、图4.2（d）］代谢物均分布于不同的象限，表明同一植物植株各部位之间以及不同植物植株同一部位之间代谢物均具有较好的分离度，各部位样本组之间的代谢物具有一定的差异性，区分非常明显，且样本全部处于95%置信区间内。

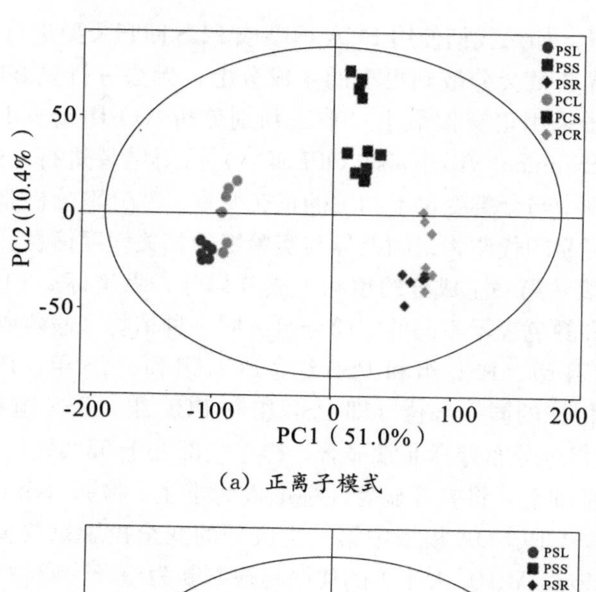

(a) 正离子模式

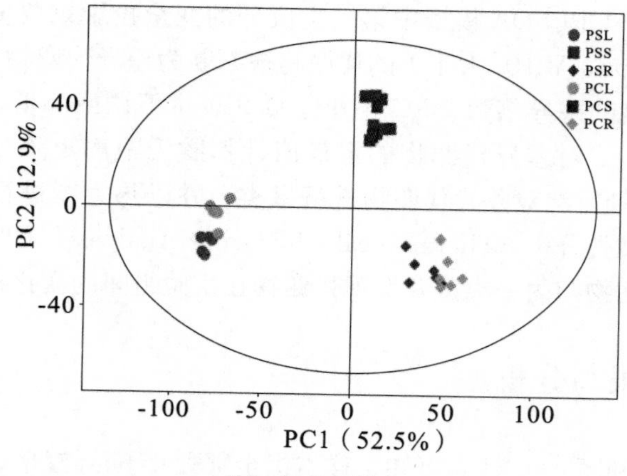

(b) 负离子模式

图 4.1　PCA 得分

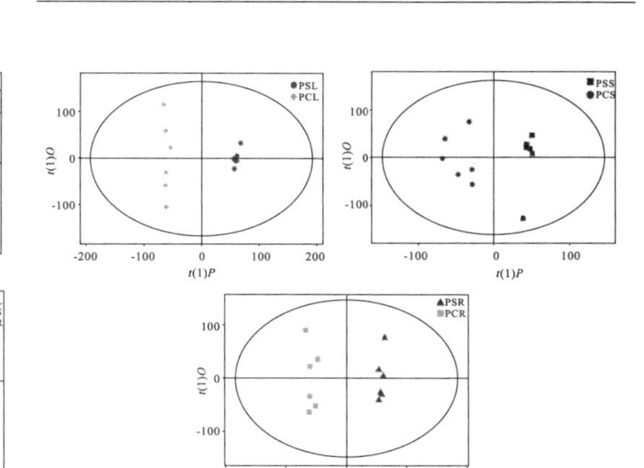

（a）正离子模式下假蒟根、茎、叶中差异代谢物和华山蒟根、茎、叶中差异代谢物分析

（b）正离子模式下假蒟和华山蒟的根、茎、叶中差异代谢物分析

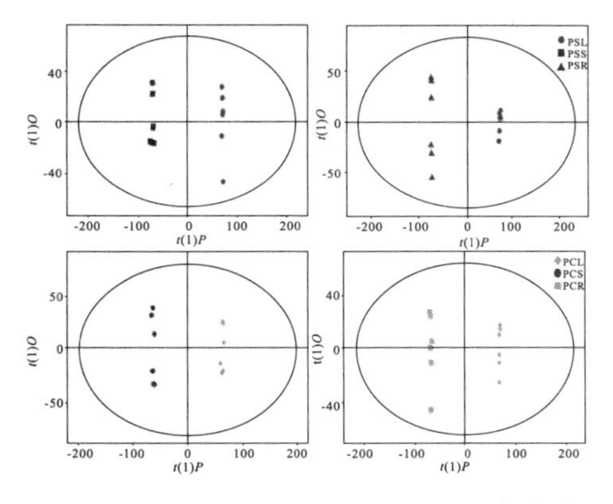

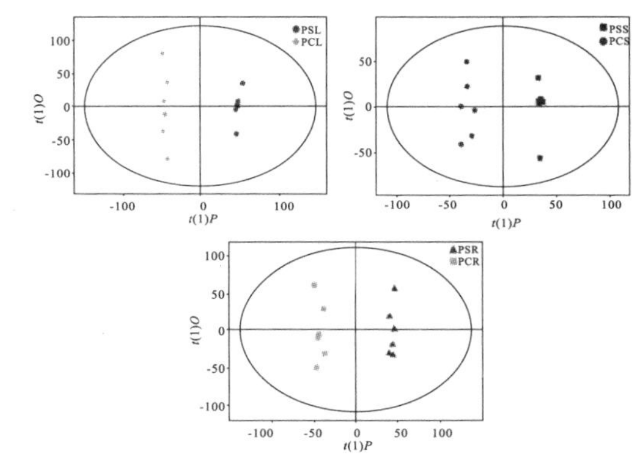

（c）负离子模式下假蒟根、茎、叶中差异代谢物和华山蒟根、茎、叶中差异代谢物分析

（d）负离子模式下假蒟和华山蒟的根、茎、叶中差异代谢物分析

图 4.2　OPLSDA 结果

各部分共有差异代谢物的 HCA 图和各部位代谢物异同分布如图 4.3 所示。其中，图 4.3（a）和图 4.3（b）中横坐标代表不同实验分组，纵坐标代表该组对比的差异代谢物，不同位置的色块代表对应位置代谢物的相对表达量。假蒟和华山蒟植株不同部位（根、茎和叶）共有差异代谢物分别为 110 个和 92 个，属于五大类，即生物碱类、酚类、氨基酸及其衍生物类、脂类和类脂类分子以及其他类。其中，假蒟植株不同部位共有的差异代谢物包括 31 个生物碱类、18 个酚类、7 个氨基酸及其衍生物类、40 个脂类和类脂类分子以及 14 个其他类化合物。而华山蒟植株不同部位共有的差异代谢物包括 25 个生物碱类、12 个酚类、3 个氨基酸及其衍生物类、30 个脂类和类脂类分子以及 22 个其他类化合物。生物碱类和酚类化合物是假蒟植株（110 个中含有 49 个，占 44.5%）和华山蒟植株（92 个中含有 37 个，占 40.2%）不同部位共有差异代谢物中的主要类活性成分，且均分布在假蒟植株和华山蒟植株的叶部位。

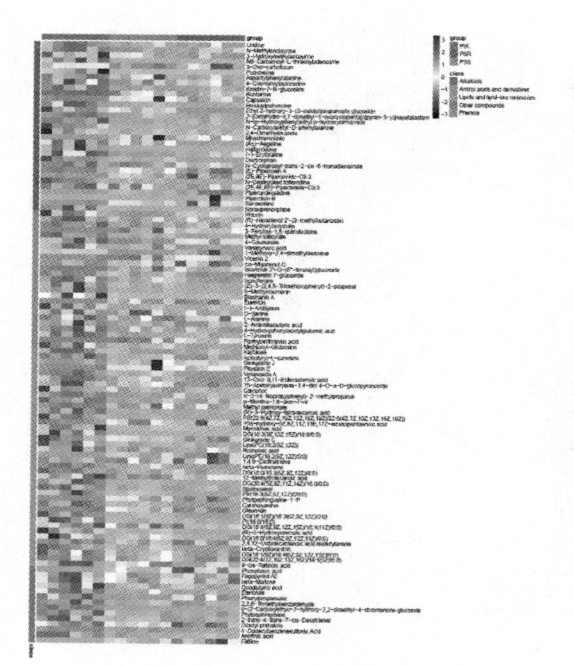

（a）PSL 组、PSS 组和 PSR 组共有差异代谢物的 HCA 图

（b）PCL 组、PCS 组和 PCR 组共有差异代谢物的 HCA 图

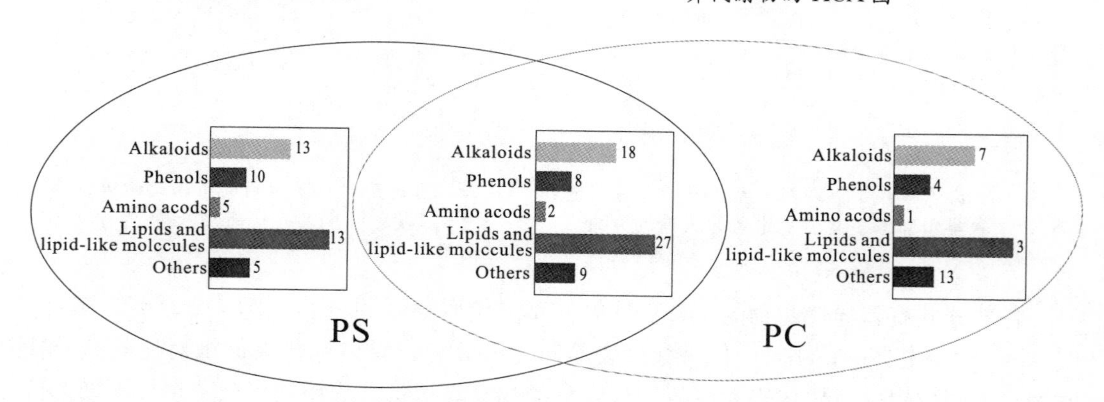

（c）假蒟和华山蒟植株各部位代谢物异同分布

图 4.3　各部分共有差异代谢物的 HCA 图和各部位代谢物异同分布

在已知生物化学领域中，代谢通路是细胞中的代谢物质在酶的作用下转化为新的代谢物质，在转化过程中所发生的一系列生物化学反应。生物体中的复杂代谢反应及调控并不单独进行，往往由不同基因和蛋白质形成复杂的通路和网络，它们的相互影响和相互调控最终造成代谢组发生系统性改变。通过对这些代谢通路进行分析，我们可以更全面、更系统地了解实验条件改变导致的生物学性状或疾病的发生机理和药物作用机制等生物学问题。京都基因与基因组百科全书（Kyoto Encyclopedia of Genes and Genomes，KEGG）路径数据库以基因和基因组的功能信息为基础，以代谢反应为线索，串联可能的代谢途径及对应的调控蛋白，以图解的方式展示了细胞的生理生化过程。这些过程包括能量代谢、物质运输、信号传递、细胞周期调控等，以及同系保守的子通路等信息，

是代谢网络研究最常用的通路数据库。KEGG 注释分析仅找到所有差异代谢物参与的通路，但要明确这些通路是否与实验条件密切相关，需对差异代谢物进行更为细致的代谢通路分析。通过对差异代谢物所在通路的综合分析（包括富集分析和拓扑分析），我们可以对通路做进一步筛选，找到与代谢物差异相关性最高的关键通路。通过差异代谢物对 KEGG、PubChem 等权威代谢物数据库进行映射，在取得差异代谢物的匹配信息后，再对对应物种拟南芥（*Arabidopsis thaliana*）的通路数据库进行搜索和代谢通路分析。

假蒟 PSL 组、PSS 组和 PSR 组的代谢通路分析及其相关的差异代谢物见表 4.1：有 12 个代谢通路被富集，且分别与 6 个差异代谢物即 L—酪氨酸（L—tyrosine）、4—羟基肉桂酸（4—hydroxycinnamic acid）、氧代戊二酸（oxoglutaric acid）、D—丝氨酸（D—serine）、角黄素（canthaxanthin）和尿苷（uridine）紧密相关。其中，与 PSS 组和 PSR 组相比，L—tyrosine 和 4—hydroxycinnamic acid 在 PSL 组中均显著积累，它们分别被卷入了 5 个代谢途径，包括泛醌和其他萜类—醌生物合成（ubiquinone and other terpenoid—quinone biosynthesis），异喹啉生物碱生物合成（isoquinoline alkaloid biosynthesis），酪氨酸代谢（tyrosine metabolism），苯丙氨酸、酪氨酸和色氨酸生物合成（phenylalanine，tyrosine and tryptophan biosynthesis），以及氨酰—tRNA 生物合成（aaminoacyl—tRNA biosynthesis）；3 个代谢途径，包括泛醌和其他萜类—醌生物合成（ubiquinone and other terpenoid—quinone biosynthesis）、苯丙氨酸代谢（phenylalanine metabolism）和苯丙烷生物合成（phenylpropanoid biosynthesis）。

表 4.1　假蒟 PSL 组、PSS 组和 PSR 组的代谢通路分析及其相关的差异代谢物

编号	代谢通路	差异代谢物	*P* 值		*FC* 值	
			PSL vs. PSS	PSL vs. PSR	PSL vs. PSS	PSL vs. PSR
1	ubiquinone and other terpenoid—quinone biosynthesis	L—tyrosine	2.07×10^{-4}	1.95×10^{-4}	3.51	3.30
		4—hydroxycinnamic acid	5.46×10^{-4}	6.24×10^{-4}	8.62	2.78
2	isoquinoline alkaloid biosynthesis	L—tyrosine	2.07×10^{-4}	1.95×10^{-4}	3.51	3.30
3	phenylalanine metabolism	4—hydroxycinnamic acid	5.46×10^{-4}	6.24×10^{-4}	8.62	2.78
4	tyrosine metabolism	L—tyrosine	2.07×10^{-4}	1.95×10^{-4}	3.51	3.30
5	citrate cycle	oxoglutaric acid	4.98×10^{-3}	5.37×10^{-3}	4.28	4.09
6	phenylalanine，tyrosine and tryptophan biosynthesis	L—tyrosine	2.07×10^{-4}	1.95×10^{-4}	3.51	3.30
7	alanine，aspartate and glutamate metabolism	oxoglutaric acid	4.98×10^{-3}	5.37×10^{-3}	4.28	4.09
8	glycine，serine and threonine metabolism	D—serine	2.53×10^{-3}	2.19×10^{-3}	1.75	1.54

续表

编 号	代谢通路	差异代谢物	P 值		FC 值	
			PSL vs. PSS	PSL vs. PSR	PSL vs. PSS	PSL vs. PSR
9	carotenoid biosynthesis	canthaxanthin	1.30×10^{-4}	9.82×10^{-5}	7.14	112.76
10	pyrimidine metabolism	uridine	2.49×10^{-6}	4.25×10^{-6}	5.90	8.73
11	phenylpropanoid biosynthesis	4－hydroxycinnamic acid	5.46×10^{-4}	6.24×10^{-4}	8.62	2.78
12	aminoacyl－tRNA biosynthesis	L－tyrosine	2.07×10^{-4}	1.95×10^{-4}	3.51	3.30

华山蒟 PCL 组、PCS 组和 PCR 组的代谢通路分析及其相关的差异代谢物见表 4.2：有 14 个代谢通路被富集，且分别与 7 个差异代谢物，即氧代戊二酸（oxoglutaric acid）、L－谷氨酸（L－glutamic acid）、胆碱（choline）、角黄素（canthaxanthin）、尿苷（uridine）、7,10,13,16－二十二碳四烯酸（7,10,13,16－docosatetraenoic acid）和肌苷（inosine）紧密相关。其中，与 PCS 组和 PCR 组相比，L－glutamic acid 在 PCL 组中显著减少，而 oxoglutaric acid 在 PCL 组中显著积累，它们分别被卷入了 7 个代谢途径，包括丙氨酸、天冬氨酸和谷氨酸代谢（alanine，aspartate and glutamate metabolism），氮素代谢（nitrogen metabolism），丁酸代谢（butanoate metabolism），谷胱甘肽代谢（glutathione metabolism），卟啉和叶绿素代谢（porphyrin and chlorophyll metabolism），精氨酸和脯氨酸代谢（arginine and proline metabolism），以及氨酰－tRNA 生物合成（aminoacyl－tRNA biosynthesis）；2 个代谢途径，包括丙氨酸、天冬氨酸和谷氨酸代谢（alanine，aspartate，and glutamate metabolism）和柠檬酸循环（citrate cycle）。

表 4.2　华山蒟 PCL 组、PCS 组和 PCR 组的代谢通路分析及其相关的差异代谢物

编 号	代谢通路	差异代谢物	P 值		FC 值	
			PCL vs. PCS	PCL vs. PCR	PCL vs. PCS	PCL vs. PCR
1	alanine，aspartate and glutamate metabolism	oxoglutaric acid	2.07×10^{-2}	1.41×10^{-2}	2.98	3.88
		L－glutamic acid	2.96×10^{-2}	2.05×10^{-2}	0.26	0.24
2	nitrogen metabolism	L－glutamic acid	2.96×10^{-2}	2.05×10^{-2}	0.26	0.24
3	butanoate metabolism	L－glutamic acid	2.96×10^{-2}	2.05×10^{-2}	0.26	0.24
4	citrate cycle	oxoglutaric acid	2.07×10^{-2}	1.41×10^{-2}	2.98	3.88
5	glycerophospholipid metabolism	choline	2.68×10^{-2}	1.12×10^{-2}	0.80	0.79
6	glutathione metabolism	L－glutamic acid	2.96×10^{-2}	2.05×10^{-2}	0.26	0.24
7	porphyrin and chlorophyll metabolism	L－glutamic acid	2.96×10^{-2}	2.05×10^{-2}	0.26	0.24

续表

编　号	代谢通路	差异代谢物	P 值		FC 值	
			PCL vs. PCS	PCL vs. PCR	PCL vs. PCS	PCL vs. PCR
8	glycine，serine and threonine metabolism	choline	2.68×10^{-2}	1.12×10^{-2}	0.80	0.79
9	carotenoid biosynthesis	canthaxanthin	2.76×10^{-4}	1.80×10^{-4}	9.10	4306.84
10	pyrimidine metabolism	uridine	1.30×10^{-2}	8.45×10^{-3}	5.69	13.24
11	arginine and proline metabolism	L－glutamic acid	2.96×10^{-2}	2.05×10^{-2}	0.26	0.24
12	biosynthesis of unsaturated fatty acids	7,10,13,16－docosatetraenoic acid	1.59×10^{-5}	6.96×10^{-3}	0.73	0.70
13	purine metabolism	inosine	8.27×10^{-3}	2.11×10^{-2}	0.33	0.37
14	aminoacyl－tRNA biosynthesis	L－glutamic acid	2.96×10^{-2}	2.05×10^{-2}	0.26	0.24

假蒟和华山蒟主要差异代谢物影响的代谢集通路分析如图 4.4 所示。其中，由图 4.4（a)可知，L－tyrosine 和 4－hydroxycinnamic acid 是影响假蒟植物生源合成次生代谢物酚类和生物碱类化合物的关键分子。由图 4.4（b）可知，L－glutamic acid 和 oxoglutaric acid 是影响华山蒟植物生源合成激素、酚类和生物碱类化合物的关键分子。

总之，叶是假蒟和华山蒟的活性部位，叶中的次生代谢物生物碱类和酚类化合物是两种植物的主要活性成分。而假蒟和华山蒟中关键代谢物分子及其所影响的代谢通路的不同也造成了这两种植物中活性成分种类及其相对含量的差异。

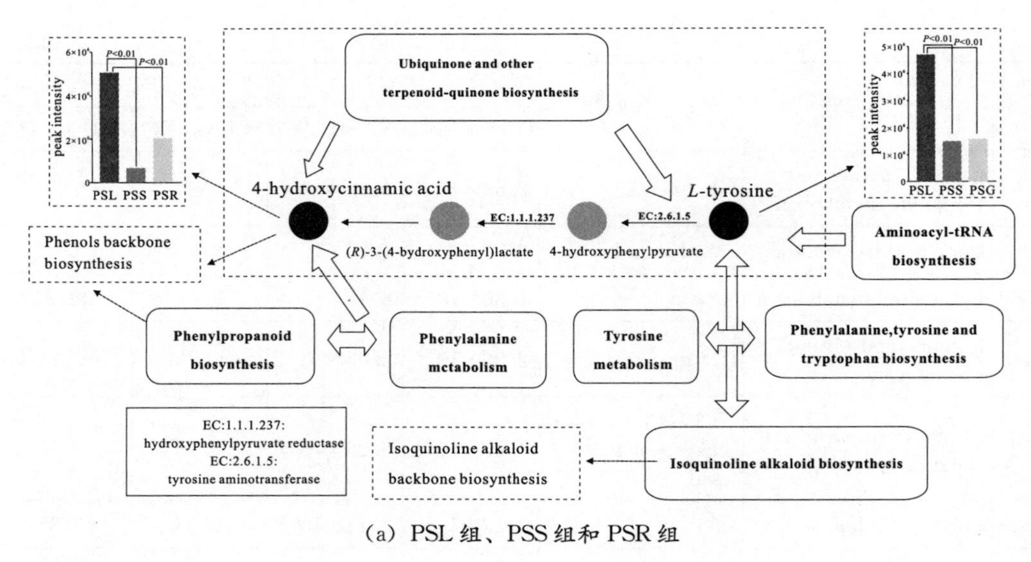

(a) PSL 组、PSS 组和 PSR 组

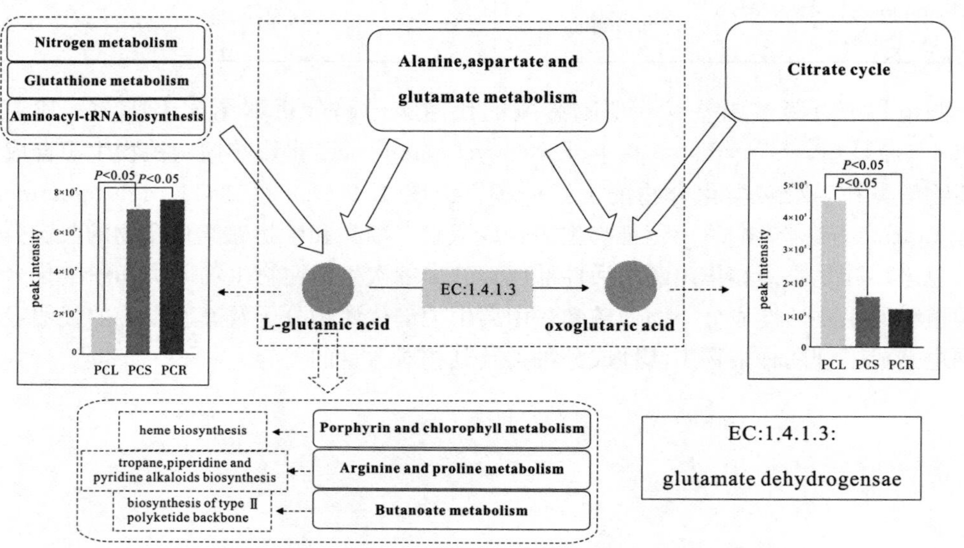

(b) PCL 组、PCS 组和 PCR 组

图 4.4　假药和华山药主要差异代谢物影响的代谢通路分析

5　假蒟的生物活性

近年来，相关学者对假蒟提取物及其分离的活性化合物的药理活性进行了广泛研究。基于体内动物实验和体外细胞实验结果，假蒟提取物具有抗菌、抗骨质疏松、抗抑郁、抗动脉粥样硬化、抗癌、抗乙酰胆碱酯酶，以及降血糖、抗高血压等药理活性。已有学者对于假蒟提取物和一些分离出的化合物的抗炎、抗动脉粥样硬化、抗菌活性进行了深入研究。此外，还证实了假蒟在传统医学中治疗胃炎、类风湿性关节炎和足部肿胀等方面的效果。但是，对于传统医学中记载的假蒟关于治疗产后气虚、缓解肌肉和骨骼疼痛、治疗皮肤感染、治疗子宫出血和保护心血管系统的功效未有深入研究。假蒟提取物中的主要活性成分还需进一步验证，未来的研究应侧重于通过现代药理学技术验证假蒟的传统医学价值。

5.1　抑菌活性

目前，侵袭性真菌感染是造成人体免疫力低下并导致病人死亡的一个重要病因，另外，由微生物感染引起的动植物疾病的比例也在增加。因此，我们迫切需要开发新型抗菌药物、抗菌肥料和抗生素替代品来解决这些问题。假蒟提取物具有较好的抗菌和杀虫活性，因此具有巨大的研究价值和发展潜力。毕仁军等（2009）测定了 2%假蒟微乳剂的杀虫抑菌活性，发现假蒟微乳剂对弯孢霉属微生物的抑制效果最好，其半最大效应浓度（EC_{50}）仅为3.26 mg/L，远低于对照药剂多菌灵；对胶孢炭疽菌亦呈现较好的抑制效果，其 EC_{50}仅为 14.40 mg/L。袁宏球等（2009）采用生长速率法测定假蒟叶甲醇提取物对 9 种植物病原真菌的生物活性，其提取物在2 mg/mL浓度时对 9 种植物病原真菌都有一定的抑制作用，证实了假蒟叶甲醇提取物中含有抑制真菌活性的次生物质，该物质溶于石油醚、乙酸乙酯、正丁醇等有机溶剂，但其作用方式、作用机理有待进一步研究。孙丹等（2008）以香蕉炭疽病、芒果炭疽病、香蕉枯萎病等 8 植物病的种病原菌为供试菌种，对假蒟和草胡椒两种胡椒科植物的甲醇提取物进行了室内抑菌活性试验，发现两种胡椒科植物的甲醇提取物对供试的病原菌均有一定的抑制作用，且假蒟的抑菌效果优于草胡椒。

假蒟提取物对动物源病原菌也表现出较好的抑制作用。Hussain 等（2009）研究发现，假蒟叶的石油醚、氯仿、甲醇提取物能够抑制结核杆菌的生长，其最低抑菌浓度分别为25 μg/mL、25 μg/mL、12.5 μg/mL，而且还发现假蒟甲醇提取液的乙酸乙酯萃取物与抗结核药物异烟肼具有协同作用。Masuda 等（1991）研究表明，假蒟提取物对大肠杆菌、枯草芽孢杆菌具有较好的抑制作用，并验证和分离了其抑菌成分为1－烯丙基二甲氧基－3,4－亚甲二氧基苯。Zaidan 等（2006）研究表明，假蒟甲醇提取物能够有效抑制金黄色葡萄球菌、肺炎克雷伯氏菌、铜绿假单胞菌和大肠杆菌等致病菌的生长。Cheeptham 等（2002）研究发现，假蒟叶 95%甲醇提取液能抑制金黄色葡萄球菌和枯草芽孢杆菌的生长。作者团队研究发现，假蒟乙醇提取物对猪源金黄色葡萄球菌和大肠杆菌具有较好的体外抑杀效果（王定发等，2016）。

从假蒟中分离出的具有抑制病原菌活性的化合物，具有作为饲料添加剂的开发前景。如 sarmentosumol A 在剂量为0.89 μg/mL 时，对金黄色葡萄球菌具有明显的抑制活性，其最低抑菌浓度为7.0 μg/mL，无细胞毒性。从假蒟中分离出的酰胺，在不超过20 μg/mL 时即可显著抑制真菌生长。与 amphotericin B［半抑制浓度（IC_{50}）为0.4 μg/mL］相比，化合物 demethoxypiplartine、sarmentine、pellitorine、brachyamide B 及 1－［(2E,4E,9E)－10－(3,4 methylenedioxyphenyl)－2,4,9－undecattrienoyl］pyrrolidine 对新型隐球菌均具有抑制作用，其 IC_{50} 分别为 18.1 μg/mL、10.4 μg/mL、7.7 μg/mL、7.1 μg/mL和18.5 μg/mL。假蒟的 95%乙醇提取物对白念珠菌具有显著的杀灭作用，最小杀菌浓度（Minimum Bactericidal Concentration, MBC）为 1.25 mg/mL。

5.2 杀虫活性

毕仁军等（2009）采用浸渍法进行杀虫剂毒力测定，试验结果显示，2%假蒟微乳剂对蚜虫的杀虫活性最高，其半数致死浓度（LC_{50}）为 7.11 mg/L，对斜纹夜蛾、小菜蛾、菜青虫、橡副珠蜡蚧和椰心叶甲都有较好的杀灭活性。林江等（2012）采用叶片浸渍法，测定了不同浓度的假蒟石油醚萃取物对螺旋粉虱成虫、若虫和蛹的抑杀效果，并用生化方法测定了成虫体内几种代谢酶的活性变化，发现假蒟石油醚萃取物对螺旋粉虱具有良好的抑杀活性，且随着处理时间的延长杀灭率不断升高；经假蒟石油醚萃取物处理 24 h后，螺旋粉虱成虫体内的乙酰胆碱酯酶（AchE）、羧酸酯酶（CarE）、谷胱甘肽巯基转移酶（GSTs）等代谢酶均受到一定程度的抑制。10 mg/mL 的假蒟石油醚萃取物对 3 种酶的抑制率分别为 82.53%、82.79%、52.26%，但低浓度的假蒟石油醚萃取物对螺旋粉虱成虫 CarE、GSTs 两种酶的活性反而有诱导现象，其中对 GSTs 的诱导效应较为明显。由此表明，假蒟石油醚萃取物对螺旋粉虱有明显的毒杀作用。冯岗等（2013）采用生物活性示踪法从假蒟乙醇提取物中分离纯化出 1 种活性成分，经分析鉴定为胡椒碱。随后以螺旋粉虱为供试对象，采用叶片浸渍法测试胡椒碱及假蒟乙醇提取物对螺旋粉虱成虫和若虫的毒杀作用，结果表明，胡椒碱及假蒟乙醇提取物均具有很好的杀虫活性，其中，胡椒碱杀虫活性明显高于假蒟乙醇提取物。两者作用方式亦有所不同，胡椒碱对初孵幼虫有较高的致死率，而假蒟乙醇提取物对螺旋粉虱卵的孵化有显著影响。刘红芳等（2014）以石油醚、氯仿、乙酸己酯、乙醇、甲醇等系列溶剂采用索氏抽提法得到假蒟不同极性溶剂提取物。发现在不同溶剂中，以石油醚提取物对斜纹夜蛾卵的触杀活性更高，且假蒟根、茎、叶石油醚提取物对斜纹夜蛾 24 h 卵龄卵的半数致死浓度分别为 1.74%、1.68%和 1.98%。结果显示，假蒟的石油醚提取物对斜纹夜蛾卵有较高的生物杀灭活性，是一种极具开发潜力的杀虫植物。张方平等（2009）通过索氏抽提和乙醇浸渍法提取假蒟杀虫活性成分，研究其对皮氏叶螨各龄虫的触杀及对成螨驱避、产卵抑制等方面的生物活性。结果显示，乙醇浸提物和石油醚索氏提取物对皮氏叶螨卵的毒杀效果均较好，用 20 mg/g 的浓度处理后，杀卵效果在 95%以上，且均对皮氏叶螨有良好的驱避作用。Qin 等（2010）采用气相色谱－质谱联用法测定假蒟叶精油的成分，发现精油中主要含有肉豆蔻醚和 β－石竹烯。其中，肉豆蔻醚对椰心叶甲具有拒食素，抗乙酰胆碱酯酶、羧酸酯酶、谷胱甘肽巯基转移酶活性，抑制 Na^+，K^+－ATP 酶活性以及直接毒性作用。刘雨晴等（2010）采用 β－石竹烯处理棉蚜或离体酶，发现对乙酰胆碱酯酶、多酚氧化酶、羧酸酯酶和谷胱甘肽巯基转移酶都有明显抑制作用，具有较强的杀虫活性。Chieng 等（2008）研究表明，假蒟精油具有较强的防蚊作用，极具有开发前景。Hematpoor 等（2018）研究表明，从假蒟中分离的细辛醚和异细辛醚，对于埃及伊蚊、白纹伊蚊和库蚊幼虫及虫卵具有杀灭作用，细辛醚及异细辛醚的半抑制浓度分别为 0.73 μg/mL 和 0.92 μg/mL。Rahman 等（2016）研究发现，假蒟的三氯甲烷和甲醇提取物对于镰状疟原虫和伯氏疟原虫都有显著的杀灭作用，杀灭率可达到 86.30%，并且三氯甲烷提取物的作用强于甲醇提取物。作者团队研究发现，在肉鸡日粮中添加假蒟提取物，不仅可以防治人工感染柔嫩艾美尔球虫病，还可以修复由球虫病造成的肉鸡肠黏膜损伤（王定发等，2016）。

5.3 抗炎镇痛活性

在传统医药中假蒟可以药用，民间常取假蒟茎、叶及果实治疗腹痛、风湿痛、外伤出血、冻疮、胃痛等。Rititid 等（2007）通过假蒟甲醇提取物对角叉莱胶诱发大鼠足爪肿胀的抑制作用进行了研究，发现口服剂量为50 mg/kg、100 mg/kg和250 mg/kg的假蒟甲醇提取物 3 h 后的大鼠足爪肿胀分别消退了 8.6%、18.6%和 24.7%。Sireeratawong 等（2010）证实了假蒟根的乙醇提取物具有抗炎、镇痛和散热的作用。他们利用大鼠模型试验对假蒟根甲醇提取物进行研究，发现假蒟根甲醇提取物能减少棉球致肉芽肿引起的慢性炎症的渗出和肉芽肿的体积，起到抗炎的作用。Ridtitid 等（1998）的研究表明，假蒟叶甲醇提取物在肌肉神经接触点具有显著的阻断作用，且很有可能具有抑制神经递质从突触末梢释放的功能。Zakaria 等（2010）以皮下注射假蒟水提取物的方式，在角叉莱胶诱导足爪肿胀的大鼠腹部做收缩和热板试验，证明其在中枢神经和外周神经方面具有阿片类药物介导的显著镇痛作用，且具有剂量依赖性。

5.4 抗氧化活性

Chanwitheesuk 等（2005）通过研究发现，假蒟叶甲醇提取物具有较高的抗氧化活性，且测定出其中维生素 E 和叶黄素含量丰富，其抗氧化活性可能与此相关。Subramaniam 等（2003）通过研究发现，假蒟叶的甲醇提取物在黄嘌呤、黄嘌呤氧化酶清除试验中表现出良好的抗氧化活性，并且发现假蒟中含有的一种黄酮类化合物（4,5,7－三羟黄烷酮）为其发挥抗氧化活性的物质基础。Hussain 等（2009）分别研究了假蒟根、茎、叶和果实的水提取物与乙醇提取物，发现假蒟乙醇提取物的抗氧化能力比水提取物的抗氧化能力更强，其抗氧化活性与总酚、黄酮类化合物和酰胺的含量成正相关。Stöhr 等（1999）研究发现，假蒟提取物具有抑制 1－环氧酶（COX－1）和 5－脂氧合酶（LOX－5）活性的作用，进一步分离出的异丁酰胺和甲基丁基酰胺具有抑制 1－环氧酶和 5－脂氧合酶的活性，其半抑制浓度分别为 19 μg/mL 和 10 μg/mL。Hafizah 等（2010）研究表明，假蒟水提取物、甲醇提取物、正己烷提取物均能减轻过氧化氢诱导人脐静脉内皮细胞的氧化应激作用，诱导 ICAM－1 和 Nox4 基因表达，并促进超氧化物歧化酶、过氧化氢酶、谷胱甘肽过氧化物酶的表达。Azlina 等（2019）研究证明，假蒟具有抗肺组织氧化应激的能力，且其机理可能是由于降低脂质过氧化和维持谷胱甘肽过氧化物酶的正常活性。此外，假蒟水提取物还能诱导人脐静脉内皮细胞产生一氧化氮，从而抑制氧化应激作用。作者团队研究表明，假蒟正丁醇提取物比假蒟石油醚提取物及假蒟乙酸乙酯提取物生物碱和总酚类的含量更高，并且体外总抗氧化能力也要高于另两种假蒟提取物（陈川威等，2019）。

5.5 抗骨质疏松及骨折愈合作用

越来越多的研究表明，假蒟有抗骨质疏松和促进骨折愈合的作用。Estai 等（2011）研究表明，在雌激素缺乏的大鼠模型中，假蒟叶的水提取物能显著提升骨折愈合能力。Ima－Nirwana 等（2009）研究发现，对于服用地塞米松的肾上腺切除大鼠，假蒟能有效阻止皮质醇水平的增高，这一作用与减少骨吸收活性有关，表明假蒟能够有效治疗由于长期服用糖皮质激素导致的骨质疏松。在长期服用糖皮质激素的大鼠中，假蒟叶的水提取物能够显著降低股骨中皮质酮的浓度，通过增加骨内局部Ⅰ型 11β－羟基固醇脱氢酶，来阻止由于长期服用糖皮质激素造成的骨质疏松症，这表明假蒟能有效对抗长期使用糖皮质激素引起的骨质疏松和骨质疏松性骨折。

5.6 其他活性

Ali 等（1996）研究了假蒟叶的 80％乙醇提取物对单纯性疱疹病毒和水泡性口炎病毒的抗病毒活性，结果显示假蒟叶提取物对水泡性口炎病毒具有显著的抗病毒作用，其最低抑菌浓度为 0.02 mg/mL，而对单纯性疱疹病毒无抗病毒作用。Ariffin 等（2009）通过研究发现，在体外假蒟的乙醇提取物通过影响 HepG2 细胞的固有细胞凋亡通路发挥抗肿瘤活性，其 IC_{50} 为 12.5 μg/mL，而对良性肝细胞的 IC_{50} 则超过 30 μg/mL。此外，假蒟的水提取物具有降血糖的作用。Peungvicha 等（1998）研究发现，链佐星所致糖尿病大鼠连续口服假蒟水提取物（0.125 mg/kg和0.250 mg/kg）后，血糖水平能够得到显著降低，在连续给予 7 天的假蒟水提取物（0.125 mg/kg）后，依然对糖尿病大鼠有显著的降血糖作用。假蒟叶水提取物还具有降压作用。研究人员发现，假蒟叶水提取物还可显著降低大鼠的收缩压、舒张压，增加血清一氧化氮的含量，降低血清丙二醛和总胆固醇水平。

6 假蒟提取物对几种畜禽致病菌的抑制作用研究

作者团队研究了 5 种胡椒科植物提取物的成分及它们对猪大肠杆菌、金黄色葡萄球菌的抑制作用（王定发等，2016）。

研究人员将采集的广西华山蒟、广西山蒟、毛脉树胡椒、海南假蒟、夏威夷假蒟进行 60℃烘干并粉碎，用 95％乙醇溶剂热回流提取4 h，旋转蒸发定容至1000 mg/mL。采用气相色谱－质谱联机法对其进行成分分析，并采用倍比稀释法研究其对猪大肠杆菌、金黄色葡萄球菌的体外抑菌效果。

研究人员从 5 种胡椒科植物提取物中分离、鉴定出 20 多种化合物，按峰面积归一化法计算各成分的相对百分含量，结果见表 6.1。从 5 种胡椒科植物乙醇提取物中共鉴定出 22 个成分，其中洋芹脑、吉马烯 D、β－石竹烯、胡椒酮、α－蒎烯、4－萜烯醇、天然维生素 E 是其共有成分和主要成分。其中，洋芹脑占假蒟乙醇提取物的40.25％～49.42％，吉马烯 D 的含量为 10.63％～13.28％，β－石竹烯的含量为 8.23％～12.84％，胡椒酮的含量为 4.35％～5.52％，α－蒎烯的含量为 2.97％～3.86％，4－萜烯醇的含量为 1.46％～2.00％，天然维生素 E 的含量为 0.03％～0.36％。

表 6.1　5 种胡椒科植物提取物化学成分分析结果

序　号	化合物名称	分子式	含量（％）				
			毛脉树胡椒	广西华山蒟	广西山蒟	夏威夷假蒟	海南假蒟
1	异亚丙基丙酮	$C_6H_{10}O$	—	0.88	1.23	0.98	0.94
2	甲基戊酮醇	$C_6H_{12}O_2$	1.07	0.92	1.29	1.09	0.11
3	4－己烯酸	$C_6H_{10}O_2$	0.25	—	0.30	0.24	—
4	2－己烯酸	$C_6H_{10}O_2$	0.35	0.3	—	—	0.77
5	4－萜烯醇	$C_{10}H_{18}O$	1.63	1.46	2.00	1.65	1.59
6	胡椒酮	$C_{10}H_{16}O$	5.10	4.35	5.52	4.83	4.61

续表

序　号	化合物名称	分子式	含量（%）				
			毛脉树胡椒	广西华山蒟	广西山蒟	夏威夷假蒟	海南假蒟
7	α－荜澄茄油烯	$C_{15}H_{16}$	0.54	4.38	—	0.66	—
8	α－蒎烯	$C_{15}H_{16}$	3.37	2.97	3.86	3.28	3.18
9	β－石竹烯	$C_{15}H_{24}$	9.63	8.23	10.68	12.84	12.62
10	吉马烯 D	$C_{15}H_{24}$	11.74	10.63	13.28	11.83	11.51
11	氯代十六烷	$C_{16}H_{33}Cl$	—	—	—	—	14.13
12	α－法尼烯	$C_{15}H_{24}$	14.90	13.25	—	—	—
13	正十五烷	$C_{15}H_{32}$	—	4.69	15.03	13.23	—
14	δ－杜松萜烯	$C_{15}H_{24}$	—	—	5.32	—	—
15	洋芹脑	$C_{12}H_{14}O_4$	49.42	43.91	40.25	46.62	48.38
16	高根二醇	$C_{30}H_{50}O_2$	—	2.55	—	—	—
17	棕榈酸	$C_{16}H_{32}O_2$	0.25	0.25	—	0.4	—
18	叶绿醇	$C_{20}H_{40}O$	0.85	—	—	1.57	1.47
19	棕榈酸乙酯	$C_{18}H_{36}O_2$	—	0.06	—	—	—
20	佛波醇	$C_{20}H_{28}O_6$	0.88	0.77	0.91	0.42	—
21	天然维生素 E	$C_{29}H_{50}O_2$	0.03	0.32	0.33	0.36	0.34
22	菜油甾醇	$C_{28}H_{48}O$	—	0.08	—	—	—

5 种胡椒科植物提取物对猪大肠杆菌、猪金黄色葡萄球菌的抑制效果见表 6.2、表 6.3，最低抑菌和杀菌浓度见表 6.4、表 6.5。

由表 6.2 可知，5 种胡椒科植物提取物对猪大肠杆菌的抑制效果为：广西华山蒟＞毛脉树胡椒＝广西山蒟＝海南假蒟＝夏威夷假蒟。由表 6.4 可知，广西华山蒟提取物的最低抑菌浓度为 15.60 mg/mL，其余 4 种提取物均为 62.50 mg/mL。由表 6.3 可知，5 种胡椒科植物提取物对猪金黄色葡萄球菌的抑制效果为：广西华山蒟＞毛脉树胡椒＞广西山蒟＝海南假蒟＝夏威夷假蒟。由表 6.4 可知，广西华山蒟提取物的最低抑菌浓度为 3.90 mg/mL，毛脉树胡椒提取物的最低抑菌浓度为 7.80 mg/mL，其余 3 种提取物均为 31.25 mg/mL。

由表 6.5 可知，5 种胡椒科植物提取物对猪大肠杆菌的杀菌效果为：广西华山蒟＞毛脉树胡椒＝广西山蒟＝海南假蒟＝夏威夷假蒟。其中，广西华山蒟提取物的最小杀菌浓度为 31.25 mg/mL，其余 4 种提取物均为 125 mg/mL。5 种胡椒种植物提取物对猪金黄色葡萄球菌的杀菌效果为：广西华山蒟＞毛脉树胡椒＞广西山蒟＝海南假蒟＝夏威夷假蒟。其中，广西华山蒟提取物、毛脉树胡椒提取物的最小杀菌浓度分别为 7.80 mg/mL，毛脉树胡椒提取物的最小杀菌浓度为 15.60 mg/mL，其余 3 种提取物的最小杀菌浓度均为 62.50 mg/mL。

表 6.2 不同浓度的胡椒科植物提取物对猪大肠杆菌的抑制效果

名　称	浓度（mg/mL）							阳性对照	阴性对照
	250.00	125.00	62.50	31.25	15.60	7.80	3.90		
毛脉树胡椒	—	—	—	+	++	++	++	++	—
广西山蒟	—	—	—	+	++	++	++	++	—
广西华山蒟	—	—	—	—	—	+	++	++	—
海南假蒟	—	—	—	+	++	++	++	++	—
夏威夷假蒟	—	—	—	+	++	++	++	++	—

注：“—”和“+”表示肉眼观察试管内培养基的浑浊度。如：试管内培养基越透明，说明在培养基中的细菌繁殖数量越少，提取物抑菌作用越强；试管内培养基越浑浊，说明在培养基中的细菌繁殖数量越多，提取物抑菌作用越弱。“—”为澄清透明，“+”为轻度混浊，“++”为混浊。阳性对照管培养基只加细菌，不加提取物；阴性对照管培养基不加细菌，不加提取物。

表 6.3 不同浓度的胡椒科植物提取物对猪金黄色葡萄球菌的抑制效果

名　称	浓度（mg/mL）								阳性对照	阴性对照
	250.00	125.00	62.50	31.25	15.60	7.80	3.90	1.95		
毛脉树胡椒	—	—	—	—	—	—	+	++	++	—
广西山蒟	—	—	—	—	+	++	++	++	++	—
广西华山蒟	—	—	—	—	—	—	—	+	++	—
海南假蒟	—	—	—	—	+	++	++	++	++	—
夏威夷假蒟	—	—	—	—	+	++	++	++	++	—

注：同表 6.2。

表 6.4 五种胡椒科植物提取物的最低抑菌浓度

细菌名称	毛脉树胡椒（mg/mL）	广西山蒟（mg/mL）	广西华山蒟（mg/mL）	海南假蒟（mg/mL）	夏威夷假蒟（mg/mL）
猪大肠杆菌	62.50	62.50	15.60	62.50	62.50
猪金黄色葡萄球菌	7.80	31.25	3.90	31.25	31.25

表 6.5 五种胡椒科植物提取物的最低杀菌浓度

细菌名称	毛脉树胡椒（mg/mL）	广西山蒟（mg/mL）	广西华山蒟（mg/mL）	海南假蒟（mg/mL）	夏威夷假蒟（mg/mL）
猪大肠杆菌	125.00	125.00	31.25	125.00	125.00
猪金黄色葡萄球菌	15.60	62.50	7.80	62.50	62.50

经过研究发现，5个不同产地、品种的胡椒科植物乙醇提取物对猪大肠杆菌、猪金黄色葡萄球菌均呈现出较好的体外抑杀效果，可能是因为其乙醇提取物中含有洋芹脑、吉马烯D、β－石竹烯、胡椒酮、α－蒎烯、4－萜烯醇、天然维生素E等活性抗菌成分有关。

7 假蒟提取物的体外抗氧化和抗炎作用研究

作者团队采用ABTS法检测了假蒟石油醚提取物、假蒟乙酸乙酯提取物、假蒟正丁醇提取物的抗氧化能力（陈川威等，2019），并研究了假蒟正丁醇提取物对脂多糖（LPS）诱导的猪小肠上皮细胞（IPEC-J2）的抗炎作用及机理（Wang et al.，2021）。

7.1 假蒟提取物的体外抗氧化作用研究

可采用冷浸法将假蒟粉用体积分数为95%的乙醇浸提、旋转蒸发回收，得到假蒟乙醇粗提物，得率为5.96%。分别用石油醚、乙酸乙酯和正丁醇萃取（三种提取物提取溶剂的极性大小为：正丁醇>乙酸乙酯>石油醚），减压蒸发并浓缩后得到三种不同极性的提取物，即假蒟石油醚提取物、假蒟乙酸乙酯提取物和假蒟正丁醇提取物。随后，分别测定三种提取物中总黄酮类、总生物碱类和总酚类化合物的含量，并测定、比较三种提取物的体外抗氧化活性和抗炎作用。

三种假蒟提取物中总黄酮类、总生物碱类和总酚类化合物含量见表7.1。假蒟正丁醇提取物中总生物碱类与总酚类化合物含量最高，分别为2.81 mEq/100g、161.82 mg GAE/g；假蒟乙酸乙酯提取物中总黄酮类化合物最高，为236.39 mg QE/g，假蒟正丁醇提取物的总生物碱类与总酚类化合物含量均显著高于其他两种提取物（假蒟石油醚提取物、假蒟乙酸乙酯提取物）。

表7.1 三种假蒟提取物中总黄酮类、总生物碱类和总酚类化合物的含量

名　称	总生物碱 (mEq/100g,dry extract)	总黄酮 (mg QE/g,dry extract)	总酚 (mg GAE/g,dry extract)
石油醚提取物	0.22	50.47	96.93
乙酸乙酯提取物	0.16	236.39	137.88

续表

名　称	总生物碱 (mEq/100g,dry extract)	总黄酮 (mg QE/g,dry extract)	总酚 (mg GAE/g,dry extract)
正丁醇提取物	2.81	25.70	161.82

注：mEq 为毫克当量，QE 为槲皮素，GAE 为没食子酸。

三种假蒟提取物均表现出一定的总抗氧化能力，见表 7.2。三种假蒟提取物总抗氧化能力为：假蒟正丁醇提取物>假蒟乙酸乙酯提取物>假蒟石油醚提取物。假蒟正丁醇提取物的总抗氧化能力显著高于假蒟石油醚提取物和假蒟乙酸乙酯提取物。

表 7.2　三种假蒟提取物的总抗氧化能力

假蒟提取物	总抗氧化能力(mM trolox/g,extract)
石油醚提取物	0.100
乙酸乙酯提取物	0.176
正丁醇提取物	0.490

7.2　假蒟提取物对 LPS 诱导猪小肠上皮细胞的抗炎作用及机制研究

三种假蒟提取物均可不同程度降低 LPS 诱导猪小肠上皮细胞培养液中的IL−6、IL−1和 TNF−α 的含量，见表 7.3。随着假蒟提取物浓度升高，炎性细胞因子含量呈降低趋势，而产生的炎性细胞因子 IL−1 和 TNF−α 含量在 4 个浓度梯度（10 μg/mL、50 μg/mL、100 μg/mL、500 μg/mL）的趋势为：假蒟乙酸乙酯提取物>假蒟石油醚提取物>假蒟正丁醇提取物。假蒟正丁醇提取物（PSE−NB）抗炎作用和抑制炎性因子分泌的能力显著高于假蒟乙酸乙酯提取物和假蒟石油醚提取物。此外，在三种假蒟提取物中，假蒟正丁醇提取物的生物碱类和酚类物质含量较高，并具有较好的抗氧化活性和抗炎效果。

表 7.3　不同浓度的假蒟提取物对炎性细胞因子含量的影响

组　别	浓度（μg/mL）	IL−1（ng/L）	IL−6（ng/L）	TNF−α（ng/L）
对照组	—	108.03 ± 8.97^{a}	15.91 ± 2.75^{fgh}	100.59 ± 7.02^{b}
LPS 处理组	—	115.42 ± 10.69^{a}	48.47 ± 8.97^{a}	122.73 ± 9.59^{a}
乙酸乙酯提取物	10	113.92 ± 7.53^{a}	29.93 ± 7.13^{cd}	100.89 ± 6.15^{b}
	50	80.87 ± 12.02^{b}	27.50 ± 8.22^{cde}	95.59 ± 1.26^{b}
	100	67.37 ± 0.47^{bc}	22.35 ± 6.98^{defg}	83.63 ± 10.70^{c}
	500	55.45 ± 11.0^{cde}	11.24 ± 2.73^{h}	78.00 ± 4.42^{c}

续表

组 别	浓度（μg/mL）	IL－1（ng/L）	IL－6（ng/L）	TNF－α（ng/L）
石油醚提取物	10	76.09±6.22[b]	43.47±7.46[ab]	77.38±7.57[c]
	50	61.12±6.84[cd]	36.12±2.47[bc]	63.89±10.48[d]
	100	51.59±9.27[de]	24.16±2.65[def]	59.52±2.53[d]
	500	50.70±5.79[de]	19.73±4.55[efgh]	44.70±9.08[e]
正丁醇提取物	10	40.59±9.04[ef]	24.04±5.93[def]	48.92±5.66[e]
	50	28.82±6.53[f]	14.79±4.01[d]	48.71±0.88[e]
	100	9.20±3.30[g]	13.35±2.26[gh]	17.64±2.33[f]
	500	6.03±2.13[g]	12.29±0.44[h]	13.80±4.16[f]

注：上标字母表示在和其他处理组数据进行多重比较时的差异显著性。

研究显示，假蒟提取物的抗炎活性成分主要集中在假蒟正丁醇提取物中，因此，作者团队利用猪小肠上皮细胞（IPEC－J2）模型，进一步研究了假蒟正丁醇提取物在 LPS 诱导的 IPEC－J2 细胞中的抗炎作用及机理。

结果表明，50～500 μg/mL 的假蒟正丁醇提取物可以缓解 1 μg/mL LPS 诱导的 IPEC－J2 细胞炎症，降低细胞中的炎性细胞因子（IL－1β、IL－6 和 TNF－α）mRNA 的表达（图 7.1），并增加细胞中紧密连接蛋白 ZO－1、Occludin、Claudin－1 和 NHE3 的 mRNA 表达（图 7.2）。其中，10 μg/mL 的假蒟正丁醇提取物处理组抗炎效果最好。

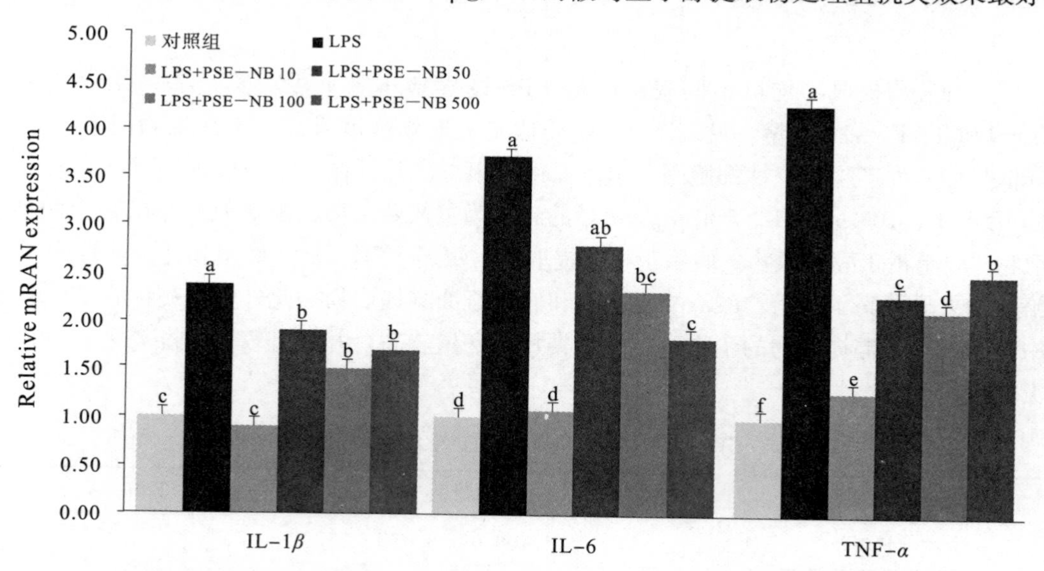

图 7.1 假蒟正丁醇提取物（PSE－NB）降低 LPS 诱导的 IPEC－J2 细胞中炎性细胞因子的表达

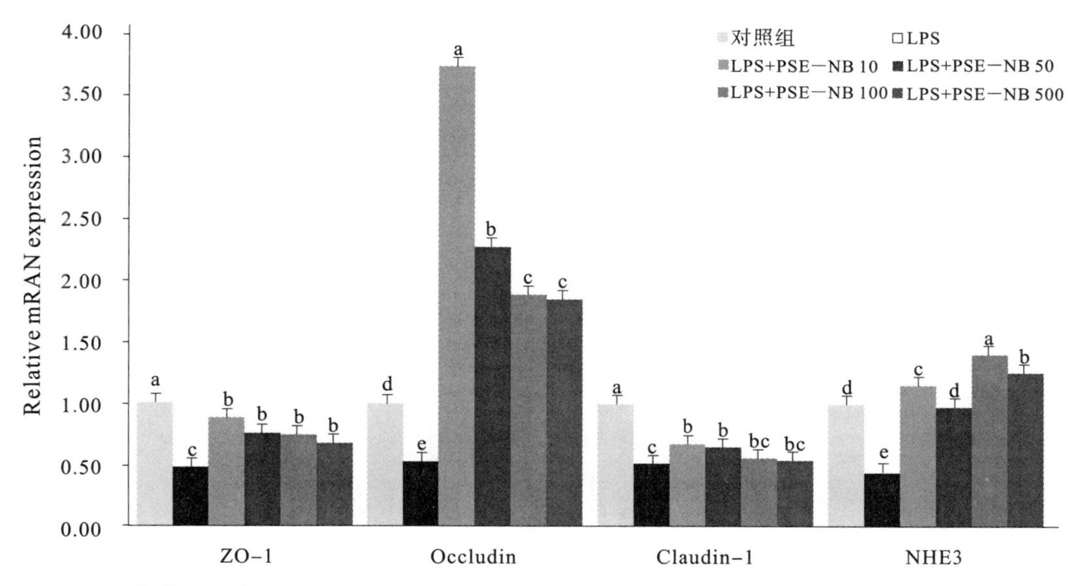

图 7.2 假蒟正丁醇提取物（PSE−NB）增加 LPS 诱导的 IPEC−J2 细胞中紧密连接蛋白的表达

选择 10 μg/mL 的假蒟正丁醇提取物，分析其对 LPS 诱导的 IPEC−J2 细胞 NF−κB 信号通路中的 p65 及 p−p65 蛋白的表达，发现可显著降低细胞及细胞核中 p65 蛋白的表达（图 7.3、图 7.4），表明假蒟正丁醇提取物是通过抑制 LPS 诱导的 IPEC−J2 细胞中的 NF−κB 信号通路发挥抗炎作用的。

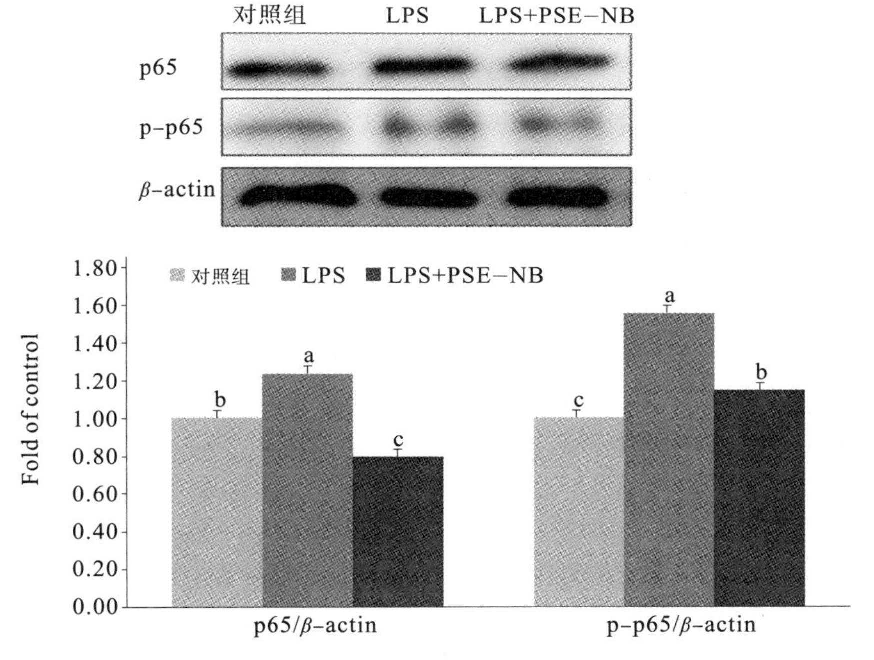

图 7.3 假蒟正丁醇提取物（PSE−NB）抑制 LPS 诱导的 IPEC−J2 细胞中 p65 及 p−p65 蛋白的表达

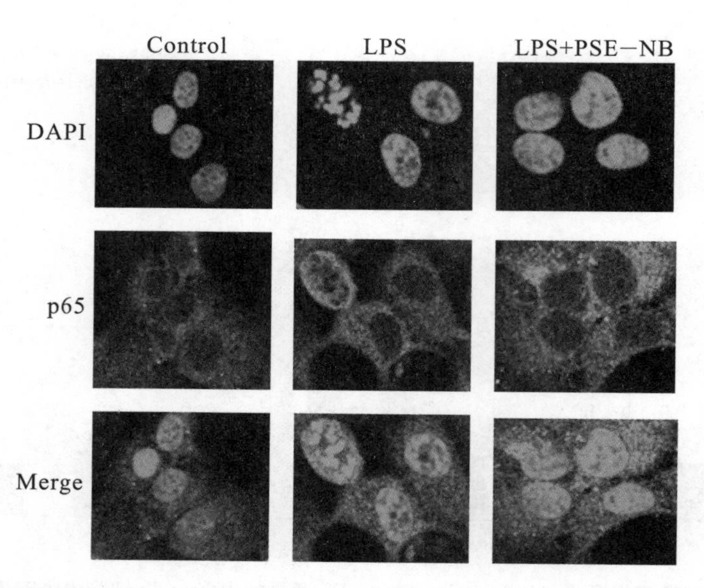

图 7.4　假蒟正丁醇提取物（PSE−NB）抑制 LPS 诱导的 IPEC−J2 细胞中核内 p65 蛋白的表达

另外，作者团队进一步研究了假蒟正丁醇提取物对 LPS 诱导的 IPEC−J2 细胞内代谢的影响，发现 LPS 诱导可导致 IPEC−J2 细胞代谢紊乱，对照组（BC 组）、LPS 处理组（LPS 组）和 LPS+假蒟正丁醇提取物处理组（LPS+PSE−NB 组）之间的代谢物差异显著（图 7.5）。在此基础上，将各实验组的差异代谢物进行富集通路分析，排名前 5 的代谢通路如图 7.6 所示，各组之间排名前 5 的代谢通路的主要差异代谢产物见表 7.4。基于 LPS 组与 BC 组，LPS 主要影响 IPEC−J2 细胞的代谢通路为甘氨酸和丝氨酸代谢（glycine and serine metabolism）、蛋氨酸代谢（methionine metabolism）、色氨酸代谢（tryptophan metabolism）、肉碱合成（carnitine synthesis）、烟酸和烟酰胺代谢（nicotinate and nicotinamide metabolism），而基于 LPS 组与 LPS+PSE−NB 组，假蒟正丁醇提取物干预下主要影响 LPS 诱导 IPEC−J2 细胞的代谢通路为同型半胱氨酸降解（homocysteine degradation）、蛋氨酸代谢（methionine metabolism）、嘧啶代谢（pyrimidine metabolism）、β−丙氨酸代谢（β−alanine metabolism）和嘌呤代谢（purine metabolism）。有趣的是，LPS 显著降低了 betaine、sarcosine 和 S−adenosylhomocysteine 的产生（$P<0.05$），同时显著增加了 L−serine（$P<0.01$）和 L−homoserine（$P<0.05$）的产生。与对照组相比，LPS 干扰了蛋氨酸代谢。然而，与 LPS 处理组相比，假蒟正丁醇提取物的干预下调了 L−cysteine（$P<0.01$）、homocysteine（$P<0.05$）、L−methionine（$P<0.001$）和 putrescine（$P<0.01$）的水平，并导致更高的 choline（$P<0.05$）和 L−cystathionine（$P<0.01$）的水平。结果表明，蛋氨酸代谢是与 BC 组、LPS 组和 LPS+PSE−NB 组相关的关键代谢途径。然而，受 LPS 或假蒟正丁醇提取物影响的差异代谢物完全不同。如上所述，在 LPS 诱导的 IPEC−J2 细胞的炎症反应期间，可观察到假蒟正丁醇提取物介导的蛋氨酸代谢重编程。假蒟正丁醇提取物可以调控 LPS 诱导 IPEC−J2 细胞内与能量代谢、氨基酸代谢等相关的代谢通路，从而发挥抗炎和抗氧化活性。

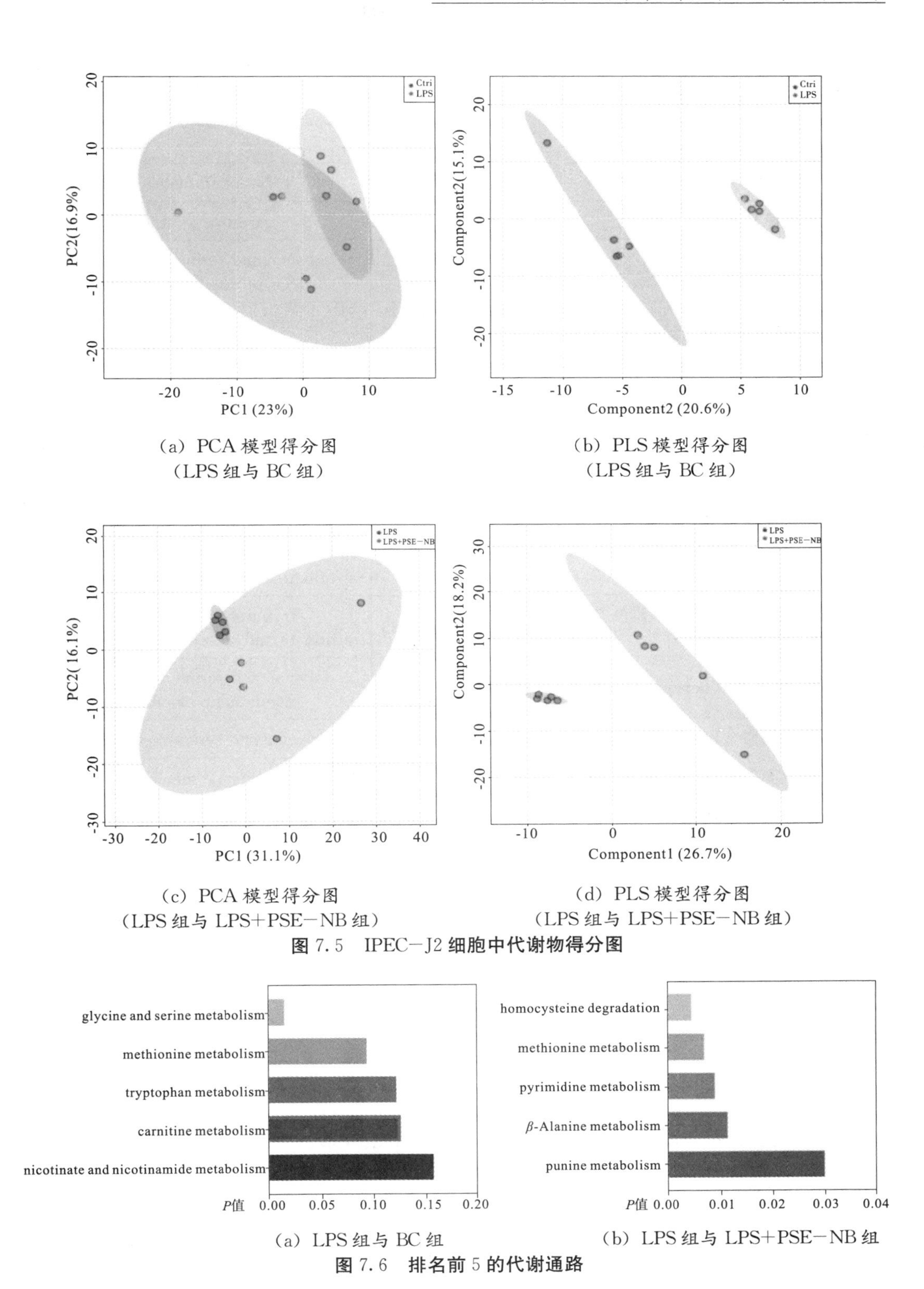

(a) PCA 模型得分图
（LPS 组与 BC 组）

(b) PLS 模型得分图
（LPS 组与 BC 组）

(c) PCA 模型得分图
（LPS 组与 LPS+PSE−NB 组）

(d) PLS 模型得分图
（LPS 组与 LPS+PSE−NB 组）

图 7.5　IPEC−J2 细胞中代谢物得分图

(a) LPS 组与 BC 组

(b) LPS 组与 LPS+PSE−NB 组

图 7.6　排名前 5 的代谢通路

表 7.4　各组之间排名前 5 的代谢通路的主要差异代谢产物

差异代谢产物	*P* 值	*FC*	代谢通路
LPS 组与 BC 组			
L－犬尿氨酸（L－kynurenine）	0.06×10^{-2}	0.50	tryptophan metabolism
L－赖氨酸（L－lysine）	0.89×10^{-3}	0.59	carnitine synthesis
L－丙氨酸（L－alanine）	1.02×10^{-2}	0.65	glycine and serine metabolism; Tryptophan metabolism
肌氨酸（sarcosine）	1.02×10^{-2}	0.65	glycine and serine metabolism; methionine metabolism
喹啉酸（quinolinic acid）	1.42×10^{-2}	0.66	tryptophan metabolism; nicotinate and nicotinamide metabolism
左旋肉碱（L－carnitine）	2.52×10^{-3}	0.76	carnitine synthesis
S－腺苷同型半胱氨酸 （S－adenosylhomocysteine）	1.64×10^{-2}	0.80	glycine and serine metabolism; methionine metabolism; tryptophan metabolism; carnitine synthesis; nicotinate and nicotinamide metabolism
烟酰胺腺嘌呤双核苷酸磷酸盐 （NADPH）	8.49×10^{-3}	0.83	tryptophan metabolism; nicotinate and nicotinamide metabolism
甜菜碱（betaine）	1.41×10^{-2}	0.85	Glycine and serine metabolism; Methionine metabolism
L－苏氨酸（L－threonine）	3.38×10^{-2}	1.21	glycine and serine metabolism
L－高丝氨酸（L－homoserine）	3.38×10^{-2}	1.21	methionine metabolism
1－甲基烟酰胺 （1－methylnicotinamide）	4.15×10^{-2}	1.26	nicotinate and nicotinamide metabolism
色胺（tryptamine）	3.62×10^{-2}	1.54	tryptophan metabolism
L－精氨酸（L－arginine）	1.10×10^{-3}	1.57	glycine and serine metabolism
L－丝氨酸（L－serine）	1.48×10^{-3}	1.88	glycine and serine metabolism; methionine metabolism
磷酸丝氨酸（phosphoserine）	1.28×10^{-3}	3.49	glycine and serine metabolism
LPS 组与 LPS+PSE－NB 组			
胆碱（choline）	3.10×10^{-2}	0.24	methionine metabolism
尿嘧啶（uracil）	4.55×10^{-3}	0.40	pyrimidine metabolism; β－alanine metabolism
腺嘌呤（adenine）	2.49×10^{-3}	0.43	purine metabolism
次黄嘌呤（hypoxanthine）	4.36×10^{-3}	0.45	purine metabolism
2′－脱氧尿苷－5′－三磷酸 （dUTP）	2.26×10^{-2}	0.47	pyrimidine metabolism

续表

差异代谢产物	*P* 值	*FC*	代谢通路
双氢尿嘧啶（dihydrouracil）	1.20×10^{-2}	0.51	pyrimidine metabolism; β－alanine metabolism
黄嘌呤核苷（xanthosine）	1.72×10^{-3}	0.62	purine metabolism
2，6－二羟基嘌呤（xanthine）	5.66×10^{-3}	0.75	purine metabolism
β－烟酰胺腺嘌呤二核苷酸磷酸钠盐（NADP）	3.02×10^{-2}	0.77	pyrimidine metabolism; β－alanine metabolism; purine metabolism
L－胱硫醚（L－cystathionine）	5.84×10^{-3}	0.81	homocysteine degradation; methionine metabolism
L－天冬氨酸（L－aspartic acid）	4.81×10^{-2}	0.82	β－alanine metabolism; purine metabolism
L－半胱氨酸（L－cysteine）	6.07×10^{-3}	1.23	homocysteine degradation; methionine metabolism
2－脱氧尿嘧啶核苷－5′－单磷酸二钠盐（dUMP）	3.62×10^{-2}	1.60	pyrimidine metabolism
同型半胱氨酸（homocysteine）	4.96×10^{-2}	1.80	homocysteine degradation; methionine metabolism
烟酰胺腺嘌呤双核苷酸磷酸盐（NADPH）	6.30×10^{-4}	1.90	pyrimidine metabolism; β－alanine metabolism; purine metabolism
腐胺（putrescine）	2.43×10^{-3}	1.92	methionine metabolism
尿苷三磷酸（UTP）	5.60×10^{-4}	6.64	pyrimidine metabolism
L－蛋氨酸（L－methionine）	2.20×10^{-7}	120.42	methionine metabolism

以上研究结果表明，假蒟正丁醇提取物可通过抑制 NF－κB/p65 炎症信号通路有效缓解 LPS 诱导的 IPEC－J2 细胞炎症，提高细胞屏障功能。证实了假蒟正丁醇提取物中的生物碱和酚类（如 8－羟基喹啉、荭草苷、染料木黄酮、牡荆素）是假蒟正丁醇提取物中的主要抗炎活性成分。代谢组学分析结果表明，LPS 诱导可导致 IPEC－J2 细胞中代谢紊乱，特别是氨基酸代谢。而假蒟正丁醇提取物可恢复 LPS 诱导的 IPEC－J2 细胞中的抗炎和抗氧化代谢，如蛋氨酸代谢和核苷酸代谢。

8　假蒟提取物在仔猪日粮中的应用研究

作者团队研究了假蒟提取物在断奶仔猪日粮中的应用（王定发等，2015；Wang et al.，2017；王定发等，2018）。

采集新鲜假蒟的茎、叶部分，于50℃下烘干（水分控制在10%左右）并粉碎，采用超临界CO_2提取法得到膏状假蒟提取物，然后将其冷冻干燥制成粉末状。选取80头健康、体重相近、21日龄的三元杂交断奶仔猪（杜×长×大），随机分为4个处理组，每处理5个重复，每重复4头猪。4个处理组在基础日粮中添加假蒟提取物粉剂的量分别为0 mg/kg（T0组）、50 mg/kg（T50组）、100 mg/kg（T100组）、200 mg/kg（T200组）。让仔猪自由采食和饮水，试验期为4周。分析测定假蒟提取物对仔猪生长性能、血清抗氧化性能、肠道炎症、肠道屏障、血液生理生化指标等的影响。仔猪基础日粮组成及营养水平见表8.1。

表8.1　仔猪基础日粮组成及营养水平

日粮组成		营养水平	
玉米（%）	57.90	消化能（MJ/kg）	14.02
豆粕（%）	25.47	粗蛋白质（%）	20.05
鱼粉（%）	5.00	钙（%）	0.62
乳清粉（%）	4.00	有效磷（%）	0.50
乳脂粉（%）	4.50	赖氨酸（%）	1.19
石粉（%）	0.30	蛋氨酸（%）	0.36
磷酸氢钙（%）	1.20	蛋+胱（%）	0.65
防霉剂（%）	0.10		
酸化剂（%）	0.30		
赖氨酸盐酸盐（%）	0.25		

续表

日粮组成		营养水平	
氯化胆碱（%）	0.10		
DL—蛋氨酸（%）	0.05		
氯化钠（%）	0.30		
微量元素预混料（%）	0.50		
维生素预混料（%）	0.03		
合计（%）	100.00		

假蒟提取物对仔猪生长性能的影响见表 8.2。试验第 2 周，T50 组平均日采食量（Average Daily Feed Intake，ADFI）显著高于 T100 组、T200 组（$P<0.05$）；试验第 4 周 T50 组平均日增重（Average Daily Gain，ADG）显著高于其他各组（$P<0.05$）。试验全期，T50 组的 ADG 和 ADFI 显著高于其他各组（$P<0.05$）。

表 8.2　假蒟提取物对仔猪生长性能的影响

项　目	组　别			
	T0	T50	T100	T200
体重（kg）				
0（w）	6.39±0.01	6.43±0.03	6.43±0.05	6.47±0.06
2（w）	9.15±0.34^{a}	9.13±0.08^{a}	8.48±0.16^{b}	9.06±0.18^{a}
4（w）	12.84±0.86^{ab}	13.89±0.08^{a}	12.85±0.34^{ab}	12.24±0.31^{b}
0～2 周				
ADG（g）	192.82±9.29^{a}	192.56±3.87^{a}	147.02±7.74^{b}	184.82±8.04^{a}
ADFI（g）	295.23±1.63^{ab}	305.83±4.62^{a}	272.73±8.87^{c}	278.43±10.41^{bc}
F/G	1.60±0.01^{b}	1.56±0.03^{b}	1.86±0.04^{a}	1.59±0.03^{b}
2～4 周				
ADG（g）	245.89±4.78^{c}	317.89±0.67^{a}	290.06±1.09^{b}	212.22±8.89^{d}
ADFI（g）	413.84±56.93^{b}	550.59±32.33^{a}	454.63±71.52^{ab}	388.31±25.11^{b}
F/G	2.01±0.11^{a}	1.68±0.08^{b}	1.70±0.04^{b}	1.85±0.04^{ab}
0～4 周				
ADG（g）	222.56±19.74^{b}	257.39±3.65^{a}	221.52±10.03^{b}	198.99±8.48^{b}
ADFI（g）	373.55±1.75^{c}	421.95±4.63^{a}	387.64±5.63^{b}	331.20±6.43^{d}
F/G	1.70±0.04	1.64±0.04	1.75±0.10	1.67±0.10

注：F/G 为耗料增重比。

假蒟提取物对仔猪血清抗氧化指标的影响见表 8.3。试验第 2 周，T50 组与 T0 组相比，仔猪血清中超氧化物歧化酶（SOD）活性显著增高（$P<0.05$），丙二醛（MDA）浓度显著降低（$P<0.05$）。在试验第4周，T50组仔猪血清中丙二醛（MDA）浓度显著降低，谷胱甘肽过氧化物酶（GSH－Px）活性显著增强（$P<0.05$）。

表8.3　假蒟提取物对仔猪血清抗氧化性能的影响

项　目	组　别				SEM	P 值
	T0	T50	T100	T200		
第2周						
SOD（U/mL）	108.33[b]	126.52[a]	110.42[b]	108.27[b]	4.41	0.0029
GSH－Px（U/mL）	333.63	389.93	384.00	408.30	15.97	0.0957
MDA（nmol/mL）	5.40[a]	3.02[b]	4.93[a]	4.81[ab]	0.01	0.0150
第4周						
SOD（U/mL）	105.25	108.26	108.00	104.58	0.94	0.4155
GSH－Px（U/mL）	522.11[b]	637.89[a]	566.32[ab]	536.84[b]	25.73	0.0129
MDA（nmol/mL）	4.38[a]	2.86[c]	3.43[b]	3.98[ab]	0.33	0.0001

对仔猪血清中细胞因子浓度进行测定，结果见表8.4。在仔猪基础日粮中添加假蒟提取物可以显著降低仔猪血清中促炎细胞因子IL－1β、IL－6、TNF－α 的浓度（$P<0.05$），升高抗炎细胞因子IL－4、IL－10和TGF－β 的浓度（$P<0.05$）。

表8.4　假蒟提取物对仔猪血清中细胞因子浓度的影响

项　目	组　别				SEM	P 值
	T0	T50	T100	T200		
第2周						
IL－1β（ng/L）	2300[a]	1033[b]	783[b]	816[b]	359.85	0.0005
IL－6（ng/L）	51.43[a]	23.62[b]	29.76[b]	26.43[b]	6.33	0.0004
TNF－α（ng/L）	2260[a]	2122[b]	2068[b]	1953[c]	63.71	<0.0001
IL－4（ng/L）	12.08[c]	19.25[b]	21.25[b]	33.78[a]	4.52	<0.0001
IL－10（ng/L）	58.51[b]	73.53[a]	60.20[b]	64.71[ab]	3.36	0.0242
TGF－β（ng/L）	210.00[b]	236.67[ab]	248.33[a]	265.00[a]	11.57	0.0061
第4周						
IL－1β（ng/L）	2050[a]	1250[b]	766[bc]	553[c]	332.02	0.0004
IL－6（ng/L）	23.33	19.24	17.14	14.29	1.90	0.0837
TNF－α（ng/L）	2145[a]	2050[b]	2029[b]	1939[c]	42.31	<0.0001
IL－4（ng/L）	14.58[c]	27.50[b]	35.00[b]	45.83[a]	6.57	<0.0001
IL－10（ng/L）	58.65[b]	75.51[a]	70.62[ab]	63.35[ab]	3.75	0.0113

续表

项　目	组　别				SEM	P 值
	T0	T50	T100	T200		
TGF－β（ng/L）	238.33[b]	245.00[b]	251.67[b]	310.00[a]	16.48	0.0003

进一步分析测定假蒟提取物对仔猪小肠黏膜中相关细胞因子 mRNA 表达的影响，结果表明，在仔猪日粮中添加假蒟提取物上调了仔猪小肠黏膜中抗炎细胞因子IL－4、IL－10 和 TGF－β 的 mRNA 表达（$P<0.05$），下调了仔猪小肠黏膜中促炎细胞因子 IL－1β、IL－6 和 TNF－α 的 mRNA 表达（$P<0.05$），如图 8.1 所示。

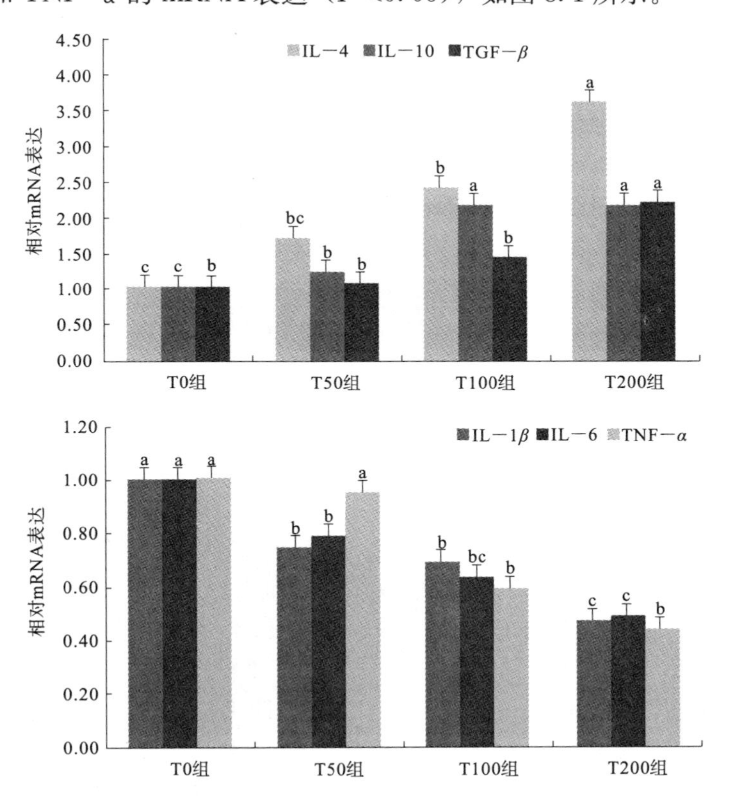

图 8.1　假蒟提取物对仔猪小肠黏膜中相关细胞因子 mRNA 表达的影响

当仔猪注射内毒素或感染革兰氏阴性菌后，TNF－α 可以作为产生炎症的“指示剂”。另外，IL－1β、IL－6 和 TNF－α 也是机体产生炎症的促炎细胞因子。在仔猪日粮中添加假蒟提取物，可以降低血清中促炎细胞因子 IL－1β、IL－6 和 TNF－α 的浓度，增加抗炎细胞因子 IL－4、IL－10 和 TGF－β 的浓度，与体外实验结果一致，表明假蒟提取物可提高仔猪机体的抗炎性能。

细胞因子对肠黏膜的完整性和紧密连接屏障具有重要的生理和病理作用。促炎细胞因子（IL－6、IL－1β 和 TNF－α）和抗炎细胞因子（IL－4、IL－10 和 TGF－β）共同参与调节和维持肠黏膜完整性。在断奶早期受断奶应激影响，仔猪的肠道黏膜细胞因子网络可能会发生变化。如促炎细胞因子上调，会增加肠道上皮通透性，减弱对肠道水分和电解质的吸收，从而导致水样腹泻，而抗炎细胞因子会通过保持肠黏膜的屏障功能缓解水样腹泻的发生。

因此，在仔猪日粮中添加假蒟提取物能提高断奶仔猪机体的抗炎症性能，改善仔猪肠道健康，保护断奶仔猪肠道黏膜的屏障功能。

通过检测假蒟提取物对仔猪小肠黏膜屏障的影响发现，随着日粮中假蒟提取物浓度的增加，仔猪血清中二胺氧化酶（DAO）、D−乳酸（D−LA）和内毒素（ET−1）的浓度显著降低（$P<0.05$），且后期仔猪血清中 DAO、D−LA 和 ET−1 的浓度低于前期（表 8.5）。

表 8.5　假蒟提取物对仔猪血清 DAO、D−LA 和 ET−1 浓度的影响

项　目	组　别			
	T0	T50	T100	T200
第 2 周				
二胺氧化酶（ng/mL）	9.29±0.30[a]	8.84±0.15[a]	6.44±0.31[b]	6.34±0.22[b]
D−乳酸（μg/L）	1695.00±87.50[a]	1595.00±112.50[a]	1257.33±100.00[b]	895.00±112.50[c]
内毒素（ng/L）	417.41±3.88[a]	393.70±11.21[b]	171.29±3.28[b]	131.63±0.63[c]
第 4 周				
二胺氧化酶（ng/mL）	7.80±0.30[a]	6.99±0.15[b]	6.71±0.23[bc]	6.14±0.25[c]
D−乳酸（μg/L）	1457.50±175.00[a]	1182.50±150.00[a]	807.50±125.00[b]	557.50±75.00[b]
内毒素（ng/L）	285.52±21.30[a]	221.48±20.78[b]	200.17±12.50[b]	216.08±21.55[b]

断奶应激会损伤仔猪肠道黏膜屏障，增大肠道黏膜通透性，破坏肠道对水分及养分的正常吸收，从而导致腹泻。血清中 D−乳酸、内毒素以及二胺氧化酶浓度的变化可以作为反映肠道黏膜通透性的指标。二胺氧化酶是存在于肠黏膜绒毛中的细胞内酶，D−乳酸和内毒素是肠道内细菌的发酵代谢产物，在正常情况下，三者都主要存在于肠道内。当肠道黏膜受损导致通透性增加时，肠道内的 D−乳酸、内毒素和二胺氧化酶会通过受损黏膜渗透进入血液。本试验中，前期仔猪血清中的 D−乳酸、内毒素和二胺氧化酶浓度高于后期，说明断奶应激对肠道黏膜通透性具有极大的影响，损伤了肠道黏膜结构，破坏了肠道菌群和肠道黏膜绒毛组织，使得肠道内 D−乳酸、内毒素和二胺氧化酶渗透进入血液。日粮中添加假蒟提取物后，仔猪血清中的 D−乳酸、内毒素和二胺氧化酶浓度显著下降，说明假蒟提取物中活性成分有助于修复仔猪的肠道损伤，改善肠道的通透性。

与对照组相比，在日粮中添加 50～200 mg/kg 的假蒟提取物后，仔猪回肠黏膜绒毛宽度和高度均有所改善，如图 8.2 所示。

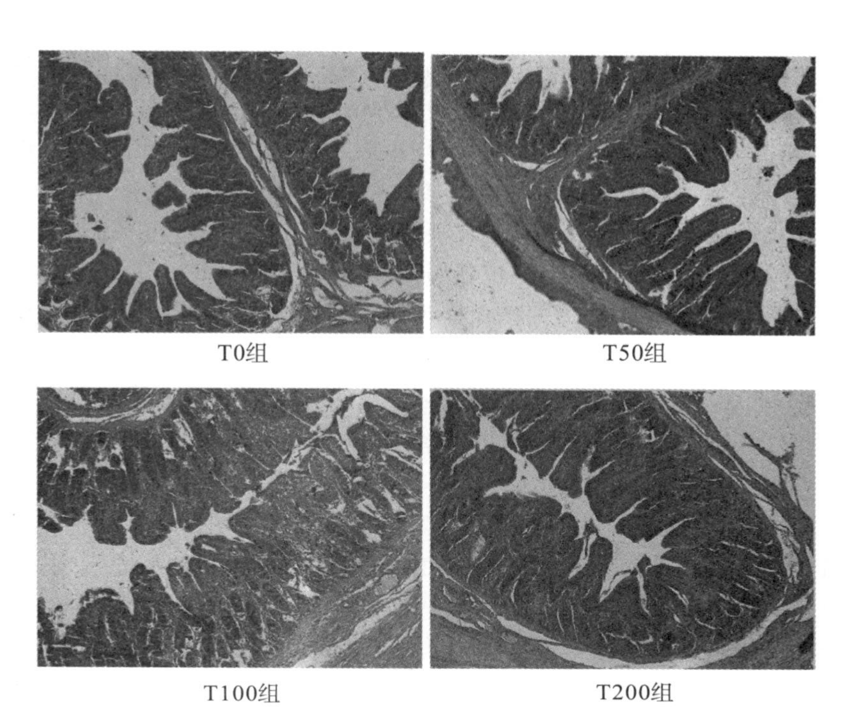

图 8.2 假蒟提取物对仔猪回肠绒毛宽度和高度的影响

在日粮中添加假蒟提取物提高了仔猪回肠黏膜中 Occludin、Claudin－1 和 NHE－3 的 mRNA 表达（$P<0.05$），而对 ZO－1 的 mRNA 表达无显著影响（$P>0.05$），见表 8.6。

表 8.6 假蒟提取物对仔猪回肠黏膜紧密连接蛋白 mRNA 表达的影响

项　目	组　别			
	T0	T50	T100	T200
Occludin	1.00±0.12^{b}	1.62±0.22^{a}	1.67±0.03^{a}	1.70±0.25^{a}
ZO－1	1.00±0.08	1.07±0.05	1.10±0.05	1.15±0.10
Claudin－1	1.00±0.05^{b}	1.07±0.05^{b}	1.33±0.13^{a}	1.29±0.06^{a}
NHE－3	1.00±0.10^{b}	1.13±0.08^{b}	1.73±0.19^{a}	1.22±0.16^{b}

紧密连接蛋白是肠道通透性的结构基础，Occludin、ZO－1 和 Claudin－1 常被作为肠道组织紧密连接屏障和通透性功能的指标。仔猪断奶前后回肠黏膜紧密连接蛋白 mRNA 的高表达对仔猪抗腹泻具有重要意义。NHE－3 广泛存在于哺乳动物肠道黏膜上皮细胞，对营养物质的吸收，特别是电解质平衡起着重要的调控作用。在肠道黏膜损伤并发生炎症时，小肠液体过度分泌、离子通道的通透性增加，NHE－3 表达水平下降，易导致肠道上皮细胞内水、电解质失衡而产生水样腹泻。在应激情况下，细菌和内毒素通过调节或影响一些细胞因子及蛋白激酶等来调控 ZO－1 和 Occludin 的表达，从而降低肠道上皮细胞的屏障功能。有研究表明，上皮细胞紧密连接蛋白的基因表达与肠道细菌的代谢产物有关。假蒟提取物可显著上调仔猪回肠黏膜中 Occludin、Claudin－1

和NHE−3的mRNA表达。假蒟提取物的抗菌活性可能影响了肠道内细菌的代谢，在日粮中添加假蒟提取物有可能是通过影响肠道内细菌代谢及肠道黏膜中的细胞因子来上调Occludin、Claudin−1和NHE−3的mRNA表达，从而改善肠道形态，进一步降低肠道通透性。

日粮中添加假蒟提取物能改善肠道黏膜形态，降低肠道通透性，上调紧密连接蛋白和钠氢离子交换蛋白的表达，从而保护断奶仔猪肠道黏膜的屏障功能。

分析测定假蒟提取物对断奶仔猪血液生理指标白细胞（WBC）、红细胞（RBC）、血红蛋白（HGB）、红细胞比容（HCT）、血小板计数（PLT）的影响，结果见表8.7。试验第2周，T50组WBC值最高，且显著高于T0组、T100组（$P<0.05$）；T0组、T50组的RBC值、HGB值显著高于T100组、T200组（$P<0.05$）；T0组、T50组的HCT值显著高于T200组（$P<0.05$）；而假蒟试验组（T50组、T100组、T200组）PLT值均比空白对照组（T0组）高，其中T200组显著高于T0组（$P<0.05$）。试验第4周，各试验组之间除T50组的PLT值显著高于T0组（$P<0.05$），其他指标差异均不显著（$P>0.05$）。

表8.7 假蒟提取物对仔猪血液生理指标的影响

组　别	WBC（$\times10^9$个/L）	RBC（$\times10^{12}$个/L）	HGB（g/L）	HCT（%）	PLT（$\times10^9$个/L）
第2周					
T0	22.28 ± 3.64^b	7.24 ± 0.52^a	130.33 ± 2.08^a	45.33 ± 5.23^{ab}	234.33 ± 42.15^b
T50	31.59 ± 2.79^a	7.16 ± 0.26^a	129.33 ± 6.35^a	46.00 ± 0.79^a	347.33 ± 51.47^{ab}
T100	18.80 ± 3.11^b	5.78 ± 0.22^b	104.67 ± 3.51^b	37.03 ± 5.76^{bc}	297.00 ± 45.51^{ab}
T200	23.94 ± 2.86^{ab}	5.57 ± 0.35^b	94.33 ± 2.52^b	34.73 ± 4.37^c	401.00 ± 74.99^a
第4周					
T0	23.54 ± 2.95	5.83 ± 0.87	97.33 ± 8.08	32.07 ± 3.14	307.33 ± 51.98^b
T50	25.65 ± 7.62	5.66 ± 0.38	96.00 ± 6.08	32.13 ± 2.97	478.00 ± 81.28^a
T100	23.68 ± 5.25	6.04 ± 0.99	102.00 ± 4.36	35.07 ± 4.37	460.67 ± 59.28^{ab}
T200	21.75 ± 5.42	5.63 ± 0.17	92.00 ± 5.57	32.20 ± 1.35	439.00 ± 55.75^{ab}

分析测定假蒟提取物对断奶仔猪血清中TP、ALB、GLB、IgA、IgG、IgM浓度的影响，结果见表8.8。试验第2周，各组之间TP、ALB、GLB的差异均不显著（$P>0.05$）；假蒟试验组（T50组、T100组、T200组）的IgA、IgG、IgM水平均比空白对照组（T0组）高，其中T100组、T200组IgA水平高于T0组（$P<0.05$），T200组IgG水平均高于其他组（$P<0.05$），T100组IgM水平均高于其他组（$P<0.05$）。试验第4周，假蒟试验组（T50组、T100组、T200组）TP、GLB水平均高于空白对照组（T0组），T100、T200组IgA水平高于T0组（$P<0.05$），T50组、T100组、T200组IgG水平显著高于T0组（$P<0.05$），T100组IgM水平最高，且显著高于T0组。

表 8.8　假蒟提取物对仔猪血清中 TP、ALB、GLB、IgA、IgG、IgM 浓度的影响

组　别	TP（g/L）	ALB（g/L）	GLB（g/L）	IgA（g/L）	IgG（g/L）	IgM（g/L）
第 2 周						
T0	49.17±5.27	19.07±1.74	28.77±4.71	0.013±0.006[c]	2.30±0.14[b]	0.37±0.06[c]
T50	45.63±2.25	17.43±0.75	28.20±2.85	0.023±0.006[bc]	2.34±0.12[b]	0.41±0.09[bc]
T100	46.13±0.32	18.50±2.10	28.63±2.42	0.037±0.006[ab]	2.54±0.03[b]	0.74±0.06[a]
T200	48.33±1.69	18.03±3.12	30.30±2.66	0.043±0.006[a]	2.84±0.07[a]	0.57±0.04[b]
第 4 周						
T0	54.63±6.06[b]	18.47±3.87	34.23±0.32[b]	0.013±0.006[c]	2.03±0.14[b]	0.45±0.07[b]
T50	66.73±3.31[a]	20.10±1.75	46.30±5.06[a]	0.027±0.006[bc]	2.51±0.08[a]	0.51±0.08[ab]
T100	63.83±2.75[ab]	20.07±4.20	45.37±2.20[a]	0.033±0.006[ab]	2.54±0.09[a]	0.71±0.13[a]
T200	55.97±2.05[b]	19.40±0.40	36.23±2.26[b]	0.043±0.006[a]	2.63±0.16[a]	0.57±0.04[ab]

分析测定假蒟提取物对断奶仔猪血清中 TRIG、CHOL、HDLC、LDLC、GLU、Urea 浓度的影响，结果见表 8.9。试验第 2 周，各组之间 TRIG、CHOL、HDLC、LDLC、GLU 值差异均不显著（$P>0.05$）；T0 组 Urea 值最高，且显著高于 T50 组、T100 组（$P<0.05$）。试验第 4 周，T0 组 CHOL 值显著高于 T50 组、T100 组（$P<0.05$），假蒟试验组（T50 组、T100 组、T200 组）Urea 值均比空白对照组（T0 组）低，其中 T50 组显著低于 T0 组（$P<0.05$）。

表 8.9　假蒟提取物对仔猪血清中 TRIG、CHOL、HDLC、LDLC、GLU、Urea 浓度的影响

组　别	TRIG（mmol/L）	CHOL（mmol/L）	HDLC（mmol/L）	LDLC（mmol/L）	GLU（mmol/L）	Urea（mmol/L）
第 2 周						
T0	1.00±0.21	2.52±0.30	0.93±0.05	1.13±0.31	1.04±0.19	5.87±0.29[a]
T50	0.73±0.12	2.25±0.32	0.84±0.11	1.10±0.36	1.12±0.24	4.53±0.23[bc]
T100	0.77±0.06	2.55±0.20	0.90±0.08	1.30±0.10	1.44±0.07	4.03±0.35[c]
T200	0.98±0.13	2.19±0.37	0.77±0.04	1.20±0.26	1.24±0.15	5.20±0.40[ab]
第 4 周						
T0	0.58±0.16	2.48±0.14[a]	0.75±0.07	1.23±0.21	1.67±0.27	2.11±0.07[a]
T50	0.75±0.08	2.02±0.17[bc]	0.65±0.01	1.03±0.15	2.11±0.07	1.07±0.27[b]
T100	0.72±0.11	2.35±0.08[ab]	0.84±0.14	1.20±0.46	1.72±0.30	1.72±0.30[ab]
T200	0.61±0.05	1.82±0.14[c]	0.69±0.04	0.87±0.15	1.44±0.38	1.44±0.38[ab]

分析测定假蒟提取物对断奶仔猪血清中 AST、ALT、LDH、TSH、T3、T4 浓度的影响，结果见表 8.10。整个试验期间，各组之间 LDH、T3、T4 值均无显著差异（$P>0.05$）。试验第 2 周，假蒟试验组（T50 组、T100 组、T200 组）AST、ALT 值均

低于空白对照组（T0 组），其中 AST 值均显著低于 T0 组（$P<0.05$）；T50 组 TSH 值显著高于其他各组（$P<0.05$）。试验第 4 周，假蒟试验组（T50 组、T100 组、T200 组）AST、ALT 值均低于 T0 组，其中 T50 组 ALT 值显著低于 T0 组（$P<0.05$）。

表 8.10 假蒟提取物对仔猪血清 AST、ALT、LDH、TSH、T3、T4 浓度的影响

组别	AST (U/L)	ALT (U/L)	LDH (U/L)	TSH (mIU/L)	T3 (nmol/L)	T4 (nmol/L)
第 2 周						
T0	121.33±4.73[a]	48.67±2.08[a]	1226.67±785.28	0.03±0.01[b]	0.92±0.11	171.41±19.17
T50	105.67±9.45[b]	43.00±1.00[b]	1772.67±705.11	0.16±0.03[a]	0.96±0.06	172.11±16.73
T100	105.00±1.00[b]	38.33±2.52[bc]	1724.00±935.40	0.04±0.01[b]	0.94±0.09	160.79±1.77
T200	105.00±5.29[b]	36.33±1.53[c]	1574.33±454.40	0.03±0.01[b]	0.87±0.06	152.33±13.14
第 4 周						
T0	158.33±10.50	64.33±4.04[a]	2003.00±29.72	0.03±0.01	0.85±0.10	149.06±22.78
T50	147.00±23.00	46.33±0.58[b]	1952.00±199.00	0.05±0.03	0.87±0.27	159.58±10.01
T100	141.67±8.50	53.67±5.51[ab]	1650.00±220.00	0.07±0.03	1.13±0.21	172.77±13.24
T200	129.00±1.00	57.33±5.51[ab]	1800.67±39.00	0.03±0.01	1.19±0.15	153.10±3.56

红细胞的主要成分是血红蛋白，合成血红蛋白的主要原料是铁和蛋白质，另外还需要氨基酸、维生素和微量元素等。红细胞比容是指红细胞在全血中所占的容积百分比，白细胞具有非特异性和特异性免疫功能，是机体抵御病原体等入侵的主要防线。试验第 2 周，假蒟 T100 组、T200 组的 RBC、HGB、HCT 值均低于 T0 组、T50 组，且 T50 组 WBC 值最高，可能是因为试验初期 T100 组、T200 组采食量相对较低，导致仔猪摄取外源性铁、蛋白质等营养物质减少所致。而到试验后期（第 4 周），随着 T100 组、T200 组采食量增加，各试验组之间 RBC、HGB、HCT、WBC 值均无太大差异，恢复正常。血小板具有参与生理性止血、促进凝血和维持毛细血管壁完整性和正常通透性的功能。假蒟具有止血功能，民间常取假蒟茎、叶及果实用于止血。整个试验期间，假蒟试验组（T50 组、T100 组、T200 组）PLT 值均高于空白组（T0 组），可能其止血原理与 PLT 值增加有关。

血清总蛋白由白蛋白和球蛋白组成，白蛋白是组织蛋白的储存库，它的作用是修复损伤组织、维持血浆胶体渗透压的稳定，球蛋白主要参与机体的免疫反应，总蛋白浓度的高低在一定程度上反映了动物对蛋白质的消化能力和机体免疫力的高低。在本试验中，假蒟试验组总蛋白、球蛋白均高于 T0 组，说明假蒟具有促进断奶仔猪消化吸收、提高蛋白质代谢、增强机体免疫力和提高断奶仔猪生长性能的作用。免疫球蛋白（Ig）是免疫系统中 B 淋巴细胞产生的体液免疫效应分子，具有高度的特异性，在机体抵御病原体侵入过程中发挥着重要作用。IgG 是血清中主要介导体液免疫的抗体，IgM 主要参与机体的初次应答，IgA 主要发挥局部免疫的功能，它们能中和毒素和病毒，调理、凝集和沉淀抗原，激活补体，提高机体的抗病能力。在本试验中，添加假蒟提取物提高了血清中 IgG、IgM、IgA 的含量，说明假蒟能增强断奶仔猪机体的体液免疫功能，提高免疫力。由此可判断，假蒟具有抗菌、抗炎、抗氧化活性，能改善仔猪肠道内环境并抑制有害物质的产生。

胆固醇是一种环戊烷多氢非的衍生物，广泛存在于动物体内，能参与形成细胞膜，是合成胆汁酸、维生素 D 以及甾体激素的原料。胆固醇转化为胆汁酸是在肝脏中完成的。血液中尿素氮浓度直接反映了动物机体蛋白质的代谢状况，其在肝脏中合成并通过肾脏排泄。若蛋白质代谢良好，则尿素氮浓度会降低。本试验中，假蒟试验组可降低断奶仔猪总胆固醇水平及尿素氮浓度，与空白组（T0 组）比较，T50 组能显著降低总胆固醇水平及尿素氮浓度。胆固醇浓度的降低可能是因为假蒟具有抗氧化活性，同时能促进机体脂肪合成，改善肝、肾功能，尿素氮浓度的降低表明假蒟能促进断奶仔猪机体对蛋白质的吸收和代谢。

测定血清中的谷丙转氨酶和谷草转氨酶的活性高低可以反映肝脏的功能、体内营养物质的代谢情况，可作为应激反应的标志。转氨酶升高显示机体肝功能受损，细胞内酶大量释放到血液里，导致血清中酶活性明显升高。本试验中，假蒟试验组可能因其具有较强的抗氧化活性而使谷丙转氨酶和谷草转氨酶降低，减少了断奶仔猪的应激反应，促进氨基酸代谢以及蛋白质、脂肪和糖三者之间的转换，有利于仔猪生长。促甲状腺激素是腺垂体分泌的激素，甲状腺激素又能促进蛋白质合成，是机体生长、发育和成熟的重要因素。试验前期，T50 组仔猪生长明显高于其他组，可能与假蒟提取物能显著提高促甲状腺激素水平有关。综上所述，血液指标结果表明，假蒟提取物能提高断奶仔猪的免疫力，降低总胆固醇、尿素氮浓度、谷丙转氨酶和谷草转氨酶水平，改善肝功能，促进蛋白质的合成和代谢。

我们还分析了假蒟提取物对断奶仔猪肠道微生物区系的影响，结果显示：在属水平上，在日粮中添加假蒟提取物显著降低了回肠内容物中放线杆菌属（*Actinobacillus*）、气球菌属（*Aerococcus*）的相对含量，而增加了梭状芽孢杆菌属（*Clostridium*）、普雷沃菌属（*Prevotella*）、*SMB*53 属的含量，如图 8.3 所示。在门水平上，日粮中添加假蒟提取物显著降低了回肠内容物中变形杆菌门（Proteobacteria）含量，增加了拟杆菌门（Bacteroidetes）、厚壁菌门（Firmicutes）的含量，如图 8.4 所示。

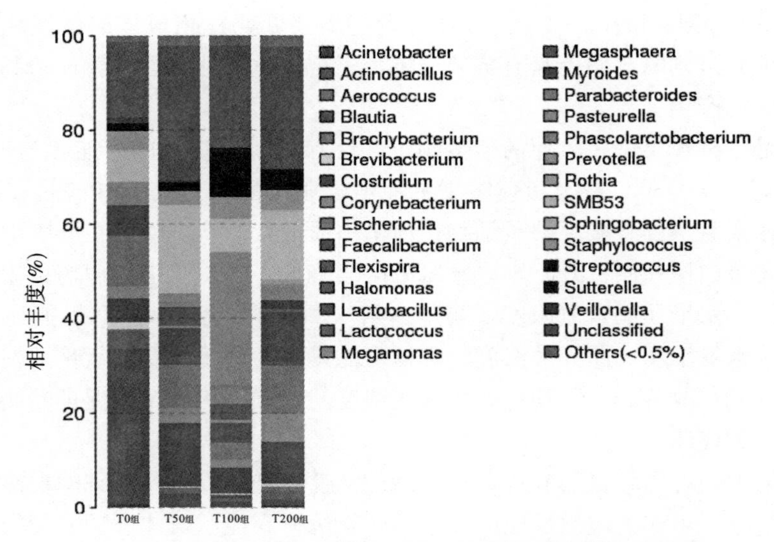

图 8.3 断奶仔猪回肠内容物微生物在属水平上的组成差异

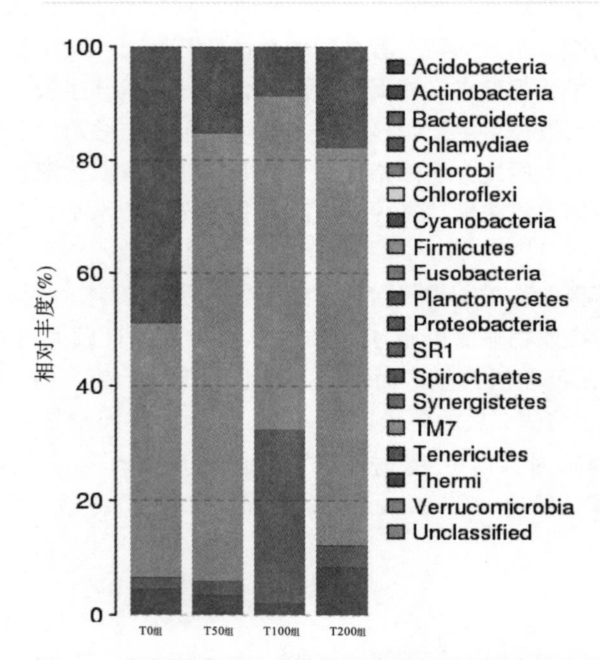

图 8.4 断奶仔猪回肠内容物微生物在门水平上的组成差异

9　假蒟提取物在肉鸡日粮中的应用研究

9.1　假蒟提取物的抗球虫作用研究

作者团队选取 270 只 1 日龄海南文昌公鸡（购自海南省儋州市种鸡场），随机分为 6 个处理组，每组处理 3 个重复，每个重复 15 只鸡。6 个处理组分别为空白对照组（BC 组，不感染不给药组）、阴性对照组（NC 组，感染不给药组）、药物对照组（PC 组，感染给药组）、假蒟 1 组（T100 组）、假蒟 2 组（T200 组）、假蒟 3 组（T300 组）。于 15 日龄时，除 BC 组口服等量生理盐水外，其余各组均灌服柔嫩艾美尔球虫孢子化卵囊（1×10^5个/只）进行人工感染，分笼饲喂并自由采食和饮水。3 个对照组均饲喂雏鸡饲料基础日粮，T100 组、T200 组和 T300 组分别在雏鸡饲料基础日粮中添加假蒟提取物（采用超临界 CO_2 萃取法提取得到的膏状物）100 mg/kg、200 mg/kg、300 mg/kg。PC 组于灌服虫卵 48 小时后，将药物地克珠利溶液加入饮水中并连用 5 天。

团队分别在接种前 1 天，接种后第 3 天、第 6 天、第 9 天清晨采血测定雏鸡血液指标。经人工感染后，第 4 天至第 8 天观察各组血便情况，第 9 天清晨测定各组存活率、相对增重率、盲肠病变值、卵囊值和抗球虫指数。

9.1.1　雏鸡采食量的变化

各组雏鸡灌服虫卵前后的采食量见表 9.1。在灌服虫卵前，各组雏鸡的采食量无显著差异，灌服虫卵后第 15～23 天，NC 组日均采食量显著降低（$P<0.05$），而 PC 组和假蒟组雏鸡采食量相比 NC 组有所增加。

表 9.1　各组雏鸡灌服虫卵前后的采食量

组　别	采食量（g）	
	时间：1～14 天	时间：15～23 天
BC	7.89±1.80	22.5±2.33[a]
NC	8.01±1.96	10.36±1.55[c]
PC	7.95±2.03	15.88±2.01[b]
T100	10.12±1.67	12.54±0.68[bc]
T200	9.76±2.12	13.28±2.04[bc]
T300	10.18±1.25	14.03±1.52[bc]

9.1.2　雏鸡体重的变化

各组雏鸡灌服虫卵前后的体重变化见表 9.2。由表 9.2 可知，在日粮中添加假蒟提取物，可以缓解雏鸡被灌服虫卵后导致的平均体重不足及平均增重降低。

表 9.2　各组雏鸡灌服虫卵前后的体重变化

组　别	始　重（g）	末　重（g）	增　重（g）	相对增重率（%）
BC	69.32±5.68	151.22±11.38[a]	81.91[a]	100.00[a]
NC	72.2±3.46	120.50±12.60[b]	48.30[b]	58.97[b]
PC	67.76±9.65	136.49±11.11[ab]	68.73[ab]	83.91[ab]
T100	75.43±1.27	135.86±6.69[ab]	60.43[ab]	73.78[ab]
T200	73.15±3.31	137.70±10.80[ab]	64.55[ab]	78.81[ab]
T300	77.79±6.71	140.09±5.56[ab]	62.30[ab]	76.06[ab]

9.1.3　雏鸡盲肠病变情况

各组雏鸡灌服虫卵后的盲肠外观（感染后第 9 天）如图 9.1 所示。雏鸡被灌服球虫虫卵后，盲肠肿胀。由图 9.1 可知，BC 组、PC 组雏鸡盲肠呈现淡黄色，NC 组雏鸡盲肠肿胀充血，呈现血红色。3 个假蒟组试验鸡盲肠都呈现血红色，但颜色比阴性对照组浅。

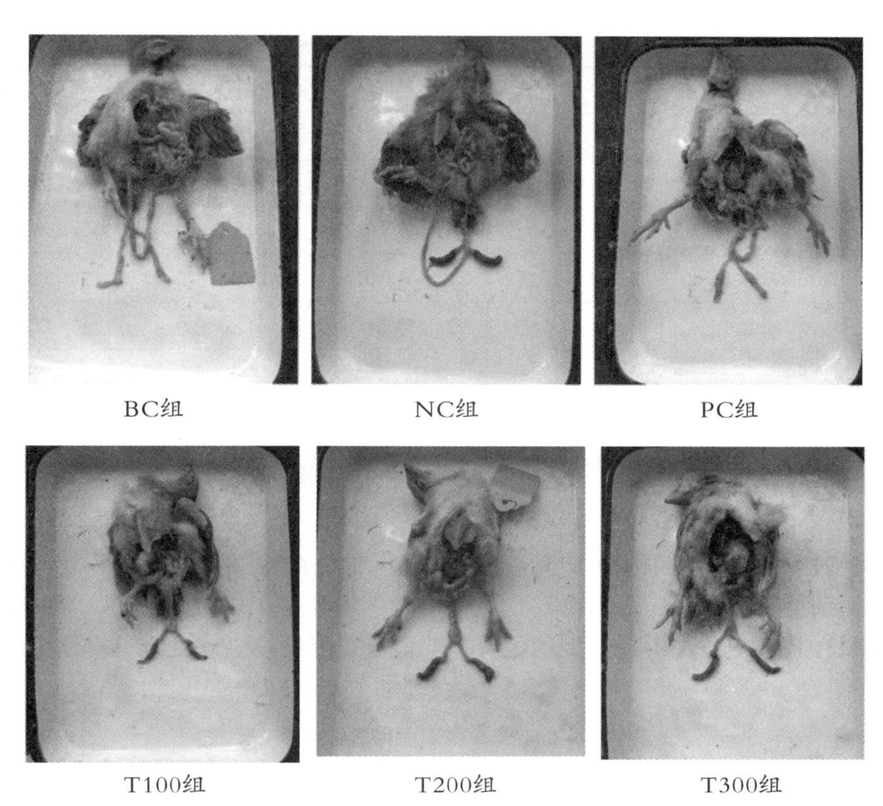

图 9.1　各组雏鸡灌服虫卵后的盲肠外观（感染后第 9 天）

假蒟组雏鸡盲肠病变程度相较 NC 组轻，但重于 PC 组。各组雏鸡盲肠病变评分及病变值的测定结果见表 9.3。

表 9.3　各组雏鸡盲肠病变评分及病变值的测定结果

组　别	盲肠病变评分	病变值
BC	0^{b}	0
NC	$2.80^{a}\pm0.84$	28
PC	$0.60^{b}\pm0.55$	6
T100	$2.20^{a}\pm0.45$	22
T200	$2.00^{a}\pm0.71$	20
T300	$1.80^{a}\pm0.45$	18

9.1.4　雏鸡便血情况

各组雏鸡灌服虫卵后第 5～6 天，观察便血情况，发现假蒟组介于 NC 组与 PC 组之间；到第 7～8 天，假蒟组和 PC 组便血情况均显著减轻（$P<0.05$），优于 NC 组。假蒟提取物对感染球虫雏鸡的便血评分影响见表 9.4。

表 9.4 假蒟提取物对感染球虫雏鸡的便血评分影响

组 别	感染后第 4 天	感染后第 5 天	感染后第 6 天	感染后第 7 天	感染后第 8 天
BC	0^{b}	0^{c}	0^{c}	0^{c}	0^{b}
NC	$2.40^{a}\pm0.55$	$3.20^{a}\pm0.45$	$3.00^{a}\pm0.00$	$2.00^{a}\pm0.00$	$1.20^{a}\pm0.45$
PC	$2.00^{a}\pm0.00$	$1.00^{b}\pm0.00$	$1.40^{b}\pm0.55$	$1.20^{b}\pm0.45$	$0.20^{b}\pm0.45$
T100	$1.60^{a}\pm0.55$	$2.60^{a}\pm0.55$	$2.80^{a}\pm0.84$	$0.80^{b}\pm0.45$	$0.20^{b}\pm0.45$
T200	$2.20^{a}\pm0.71$	$2.40^{a}\pm0.55$	$2.20^{ab}\pm0.84$	$0.80^{b}\pm0.45$	$0.20^{b}\pm0.45$
T300	$1.80^{a}\pm0.45$	$2.40^{a}\pm0.55$	$2.60^{a}\pm0.55$	$0.80^{b}\pm0.45$	$0.20^{b}\pm0.45$

9.1.5 雏鸡感染情况

雏鸡灌服虫卵后粪便中球虫卵囊数见表 9.5。雏鸡在灌服虫卵后第 6 天，粪便中球虫卵囊数达到最高。与 NC 组相比，T100 组、T200 组和 T300 组粪便中球虫卵囊数均较低，说明在日粮中添加不同比例的假蒟提取物可以降低感染球虫雏鸡粪便中的球虫卵囊数。

表 9.5 雏鸡粪便中球虫卵囊数（个/g）

组 别	灌服虫卵后第4天	灌服虫卵后第5天	灌服虫卵后第6天	灌服虫卵后第7天	灌服虫卵后第8天	灌服虫卵后第9天
BC	0^{d}	0^{e}	0^{f}	0^{e}	0^{e}	0^{f}
NC	38577 ± 1562^{a}	172247 ± 8071^{a}	377763 ± 3921^{a}	330477 ± 8291^{a}	131913 ± 3752^{a}	89527 ± 896^{a}
PC	3722 ± 515^{c}	$49190\pm1,183^{d}$	119800 ± 3137^{e}	13993 ± 900^{d}	3030 ± 372^{e}	689 ± 85^{e}
T100	32685 ± 1118^{b}	166447 ± 508^{a}	$355350\pm1,991^{b}$	112093 ± 750^{bc}	66640 ± 1264^{b}	10508 ± 814^{b}
T200	32700 ± 2220^{b}	146408 ± 7901^{b}	323240 ± 3603^{c}	122225 ± 4637^{b}	58658 ± 759^{c}	6822 ± 194^{c}
T300	30467 ± 987^{b}	116527 ± 7525^{c}	304040 ± 981^{d}	106950 ± 2565^{c}	42608 ± 2052^{d}	5688 ± 189^{d}

将 T200 组、T300 组与 NC 组对比后可以发现，在日粮中添加一定比例的假蒟提取物能显著降低感染球虫雏鸡的盲肠卵囊数（$P<0.05$），见表 9.6。

表 9.6 各组雏鸡盲肠卵囊数和卵囊值

组 别	盲肠卵囊数（个/g）	卵囊值
BC	0^{c}	0
NC	$3102222^{a}\pm88024$	20
PC	$39556^{c}\pm6012$	0
T100	$3104444^{a}\pm667778$	20
T200	$2567111^{b}\pm295343$	20
T300	$2253333^{b}\pm230072$	20

9.1.6 雏鸡存活率

研究人员发现，T200 组、T300 组雏鸡存活率均高于 PC 组、NC 组，T100 组雏鸡存活率介于 NC 组和 PC 组之间。由此可知，在日粮中添加不同比例的假蒟提取物可以提高感染球虫雏鸡的存活率。各组雏鸡存活率见表 9.7。

表 9.7 各组雏鸡存活率

组 别	雏鸡总数（只）	存活数（只）	存活率（%）
BC	45	45	100.00
NC	45	36	80.00
PC	45	41	91.11
T100	45	39	86.67
T200	45	45	100.00
T300	45	43	95.56

9.1.7 雏鸡血清和肠黏膜相关指标

研究人员分析测定了各组雏鸡血清 NO、NOS、细胞因子的浓度，以及盲肠黏膜细胞因子 mRNA 表达情况。

各组雏鸡血清 NO、NOS 浓度见表 9.8。由表 9.8 可知，感染球虫后第 3 天、第 6 天和第 9 天，各组雏鸡血清中 NOS 浓度无显著差异（$P>0.05$），在日粮中添加不同比例的假蒟提取物可以降低感染球虫后第 6 天和第 9 天雏鸡血清 NO 浓度。NO 是机体免疫系统重要的信号分子，一般鸡只感染球虫后，体内血清中 NO 浓度会显著升高。

表 9.8 各组雏鸡血清 NO、NOS 浓度

组 别	NO（μmol/L）	NOS（U/mL）
感染后第 3 天		
BC	3.06±0.36	23.58±0.65
NC	4.14±0.64	23.27±3.10
PC	4.39±0.40	23.14±2.54
T100	3.52±0.83	19.38±4.22
T200	3.24±0.59	19.24±2.34
T300	3.23±0.54	19.38±0.47
感染后第 6 天		
BC	4.59±0.31[a]	19.93±1.04

续表

组　别	NO（μmol/L）	NOS（U/mL）
NC	4.68±0.79[a]	22.47±6.39
PC	3.45±0.27[b]	21.15±0.26
T100	4.32±0.52[ab]	20.95±1.20
T200	3.52±0.31[b]	21.50±3.35
T300	3.05±0.46[bc]	18.56±4.37
感染后第9天		
BC	4.14±0.49[ab]	28.00±4.86
NC	4.32±0.40[a]	27.58±1.35
PC	3.24±0.54[ab]	21.61±2.95
T100	3.03±0.44[ab]	25.49±3.49
T200	2.70±0.94[b]	26.01±3.14
T300	2.65±0.55[b]	23.27±2.24

各组雏鸡血清细胞因子浓度见表9.9。由表9.9可知，与NC组相比，T100组、T200组、T300组第3天雏鸡血清中TNF－α、IL－2和IFN－γ浓度更高（$P<0.05$）。在感染球虫后第6天和第9天，T200组雏鸡血清中IL－2和IFN－γ浓度显著增加（$P<0.05$）。但是在感染球虫后第6天和第9天，NC组、PC组、T100组、T200组、T300组雏鸡血清中TNF－α浓度无显著差异（$P>0.05$）。

表9.9　各组雏鸡血清细胞因子浓度

组　别	TNF－α（ng/L）	IL－2（ng/L）	IFN－γ（ng/L）
感染后第3天			
BC	102.63±14.57[a]	290.50±5.00[ab]	54.93±2.24[cd]
NC	66.82±15.38[b]	227.17±7.64[d]	51.81±1.08[d]
PC	68.55±4.14[b]	250.33±5.01[c]	51.89±1.42[d]
T100	85.00±8.02[ab]	240.50±8.66[cd]	59.79±1.25[b]
T200	99.65±10.31[a]	300.50±5.00[a]	56.84±0.30[bc]
T300	107.73±6.19[a]	282.50±2.65[b]	72.29±1.13[a]
感染后第6天			
BC	93.23±1.13[ab]	243.83±2.89[b]	60.49±1.80[bcd]
NC	87.53±2.15[abc]	233.83±11.55[b]	53.89±4.18[d]
PC	103.03±9.99[a]	290.33±10.00[ab]	58.58±2.62[cd]
T100	74.39±6.25[c]	262.17±32.53[b]	62.74±3.38[bc]

续表

组　别	TNF−α（ng/L）	IL−2（ng/L）	IFN−γ（ng/L）
T200	79.44±4.87[c]	333.83±36.86[a]	71.60±4.05[a]
T300	77.42±5.02[c]	255.50±25.00[b]	68.13±1.04[ab]
感染后第 9 天			
BC	101.11±13.67	318.00±7.50[b]	63.26±17.73[c]
NC	124.90±16.06	283.83±10.41[b]	65.00±0.52[bc]
PC	95.61±14.92	310.50±25.98[b]	66.82±7.03[bc]
T100	124.90±10.15	300.83±20.00[b]	78.28±3.91[ab]
T200	108.23±7.69	365.50±15.00[a]	86.35±3.17[a]
T300	114.70±6.82	283.67±17.54[b]	74.38±3.13[abc]

各组雏鸡盲肠黏膜细胞因子 mRNA 表达如图 9.2 所示。由图 9.2 可知，与 BC 组、NC 组和 PC 组相比，在日粮中添加假蒟提取物（T100 组、T200 组和 T300 组）显著提高了感染球虫后第 9 天雏鸡盲肠黏膜细胞因子 IFN−γ mRNA 表达，感染球虫后第 9 天各组雏鸡盲肠黏膜细胞因子 TNF−α mRNA 表达无显著差异，

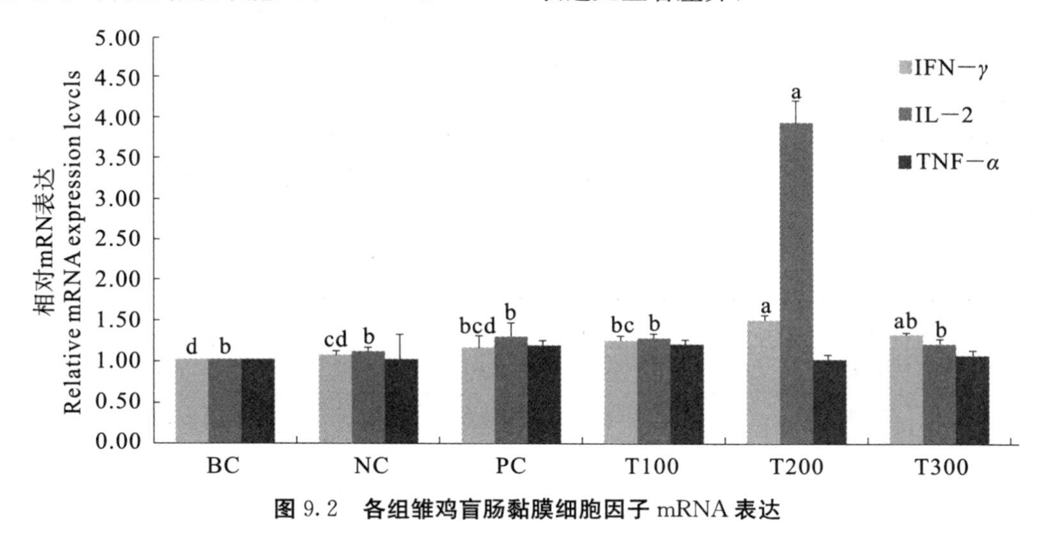

图 9.2　各组雏鸡盲肠黏膜细胞因子 mRNA 表达

9.1.8　结论

假蒟提取物对鸡球虫病的疗效见表 9.10。由表 9.10 可知，T200 组和 T300 组抗球虫指数在 120～160 之间，属于疗效中等；T100 组抗球虫指数低于 120，属于疗效差；PC 组抗球虫指数为 167.91，属于疗效良好。

表 9.10 假蒟提取物对鸡球虫病的疗效

组 别	存活率（%）	相对增重率（%）	病变值	卵囊值	抗球虫指数
BC	100.00	100.00	0	0	200.00
NC	80.00	58.97	28	20	90.97
PC	91.11	83.91	6	0	167.91
T100	86.67	73.78	22	20	118.45
T200	100.00	78.81	20	20	138.81
T300	95.56	76.06	18	20	134.73

由上述试验结果可知，假蒟提取物能增强感染柔嫩艾美尔球虫鸡机体的免疫力，减缓感染球虫鸡盲肠病变，降低鸡只的死亡率，提高相对增重率，对于防治鸡球虫病具有一定的效果。

9.2 假蒟提取物在文昌鸡日粮中的应用研究

作者团队选取 180 只健康 1 日龄文昌鸡于第 0～2 周集中育雏，于第 3 周清晨，将其随机分成 4 组，每组 3 个重复，每个重复 15 只鸡。其中，T0 组为对照组，饲喂基础日粮；T50 组、T100 组、T200 组为试验组，分别在基础日粮中添加 50 mg/kg、100 mg/kg、200 mg/kg的假蒟提取物。各组鸡只自由采食和饮水，常规免疫接种，饲喂至第 11 周。分析测定文昌鸡的生长性能、屠宰性能和鸡肉品质。文昌鸡基础日粮及营养水平见表 9.11、表 9.12。

表 9.11 基础日粮组成（%）

组成	前期（1～5 周）	后期（6～11 周）
玉米	61.20	66.00
豆粕	28.50	25.20
鱼粉	3.00	2.00
棕榈油	2.00	1.50
贝壳粉	0.80	0.80
食盐	0.35	0.35
蛋氨	0.15	0.15
预混料	4.00	4.00

表 9.12 日粮营养水平

营养水平	前期（1～5 周）	后期（6～11 周）
代谢能（Mcal/kg）	12.04	12.55
粗蛋白（%）	19.80	18.10
粗脂肪（%）	4.40	4.82
干物质（%）	82.60	82.47
蛋氨酸+胱氨酸（%）	0.78	0.70
有效磷（%）	0.33	0.30

9.2.1 假蒟提取物对文昌鸡生长性能的影响

假蒟提取物对文昌鸡生长性能的影响见表 9.13。由表 9.13 可知，试验第 3～5 周，各组日均采食量、日均增重和料重比差异均不显著（$P>0.05$）；试验第 6～8 周，T50 组、T100 组日均增重显著高于 T0 组（$P<0.05$）；试验第 9～11 周，T100 组日均采食量最高。在试验全期，T100 组日均采食量、日均增重均显著高于 T0 组（$P<0.05$）。

表 9.13 假蒟提取物对文昌鸡生长性能的影响

项 目	T0 组	T50 组	T100 组	T200 组
重量（g）				
2（w）	99.91±0.42	99.48±0.24	99.02±0.53	99.05±0.58
5（w）	325.04±14.81	312.70±12.41	321.60±5.98	306.60±7.92
8（w）	656.73^{c}±9.96	682.30^{b}±12.00	710.91^{a}±1.52	649.73^{c}±6.31
11（w）	1081.41^{b}±12.90	1086.77^{b}±5.28	1149.35^{a}±4.01	1043.46^{c}±13.74
3～5 周				
ADG（g）	10.53±0.74	10.23±0.48	10.65±0.21	9.90±0.41
ADFI（g）	27.11±2.11	26.92±1.82	25.01±0.63	27.04±1.40
F/G	2.55±0.24	2.63±0.15	2.54±0.37	2.74±0.25
6～8 周				
ADG（g）	15.79^{c}±0.48	17.60^{ab}±0.68	18.54^{a}±0.25	16.34^{bc}±1.02
ADFI（g）	54.49^{d}±1.21	64.99^{b}±1.28	72.64^{a}±1.56	60.34^{c}±2.46
F/G	3.46±0.36	3.69±0.13	3.92±0.03	3.72±0.34
9～11 周				
ADG（g）	21.23±2.14	20.22±1.25	21.92±0.13	19.69±0.15
ADFI（g）	71.41^{bc}±1.07	75.72^{ab}±3.13	82.27^{a}±3.50	65.91^{c}±2.10

续表

项　目	T0 组	T50 组	T100 组	T200 组
F/G	3.38±0.34	3.75±0.11	3.75±0.14	3.35±0.12
3～11 周				
ADG（g）	15.77[b]±0.65	15.95[ab]±0.05	16.96[a]±0.03	15.24[b]±0.62
ADFI（g）	50.56[b]±3.60	55.56[ab]±1.70	60.29[a]±2.25	51.08[b]±2.30
F/G	3.20[b]±0.10	3.48[a]±0.11	3.56[a]±0.13	3.35[ab]±0.04

9.2.2　假蒟提取物对文昌鸡屠宰性能的影响

假蒟提取物对文昌鸡屠宰性能的影响见表 9.14。由表 9.14 可知，各组间屠宰性能无显著差异（$P>0.05$）；与 T0 组相比，T50 组、T100 组、T200 组的腹脂率有降低趋势，但差异不显著（$P>0.05$），

表 9.14　假蒟提取物对文昌鸡屠宰性能的影响

项　目	T0 组	T50 组	T100 组	T200 组
活体重（kg）	1.17±0.10	1.18±0.11	1.09±0.09	1.14±0.07
屠体重（kg）	1.06±0.07	1.04±0.11	0.96±0.08	1.01±0.04
屠宰率（%）	92.68±1.08	88.19±1.29	87.89±0.49	88.72±1.48
全净膛重（kg）	0.77±0.08	0.76±0.07	0.71±0.07	0.74±0.04
全净膛率（%）	65.50±1.14	64.08±0.03	65.05±0.78	64.77±0.49
腿肌率（%）	23.63±1.30	23.34±1.30	23.92±1.18	22.53±1.01
胸肌率（%）	14.79±1.89	16.07±0.83	14.17±1.25	15.65±1.32
腹脂率（%）	3.51±0.30	3.35±0.42	2.65±0.31	3.16±0.76

9.2.3　假蒟提取物对文昌鸡鸡肉品质的影响

假蒟提取物对文昌鸡鸡肉品质的影响见表 9.15。由表 9.15 可知，与 T0 组相比，T50 组、T100 组、T200 组胸肌滴水损失、剪切力显著降低，胸肌粗脂肪含量更高（$P<0.05$）。而腿肌的 pH、滴水损失和剪切力等指标，各组之间均无显著差异（$P>0.05$）。

表 9.15　假蒟提取物对文昌鸡鸡肉品质的影响

项　目		T0 组	T50 组	T100 组	T200 组
胸肌	pH_{45min}	6.25±0.17	6.17±0.08	6.56±0.47	6.09±0.19
	pH_{24h}	6.00±0.12	5.97±0.09	5.96±0.05	5.89±0.06
	滴水损失（%）	2.02^{a}±0.39	1.58^{a}±0.26	0.78^{b}±0.16	0.72^{b}±0.08
	干物质（%）	26.42±2.49	26.76±1.42	27.51±2.32	25.83±0.61
	粗脂肪（%）	1.54^{b}±0.41	2.10^{a}±0.19	1.86^{ab}±0.32	2.15^{a}±0.21
	剪切力（N）	58.77^{a}±2.00	48.40^{ab}±5.17	44.50^{bc}±4.31	33.79^{c}±7.08
腿肌	pH_{45min}	6.62±0.14	6.45±0.16	6.47±0.04	6.55±0.04
	pH_{24h}	6.51±0.04	6.31±0.19	6.44±0.08	6.32±0.13
	滴水损失（%）	1.04±0.11	1.01±0.09	0.90±0.15	0.80±0.04
	干物质（%）	22.65±1.83	25.91±1.65	23.34±2.83	24.63±0.60
	粗脂肪（%）	9.48±0.22	10.46±2.11	10.37±2.44	10.32±1.81
	剪切力（N）	19.26±2.95	21.82±2.55	16.75±1.59	21.77±2.57

在该试验第 3～5 周时，各试验组之间鸡只的生长性能指标差异并不明显，可能是因为假蒟本身具有特殊的香气，刚开始饲喂添加有假蒟提取物的饲料时，鸡只需要一个适应的过程。试验第 6～11 周时，T50 组、T100 组日均增重、日均采食量均高于T0 组，可能是由于假蒟具有抗菌、抗炎和抗氧化活性，能调节鸡只机体胃肠道微生物菌群和消化功能，以抵抗致病菌的侵入，增强机体免疫力。试验第 6～8 周时，T200 组日均增重、日均采食量均高于 T0 组，而试验第 9～11 周时，T200 组日均增重、日均采食量却都低于 T0 组。说明假蒟提取物的添加量达到 200 mg/kg 时，可能对鸡只的生长性能有一定影响。

屠宰率和全净膛率是衡量畜禽产肉性能的重要指标。一般认为屠宰率在 80%以上、全净膛率在 60%以上时，肉用性能良好。在该试验中，各组鸡只屠宰性能无显著差异，试验组屠宰率均在 87%以上，全净膛率也在 64%以上，表明在日粮中添加假蒟提取物对文昌鸡屠宰性能无显著影响。

腹脂率的高低直接影响消费者对鸡肉产品的可接受程度，也在一定程度上反映了机体脂肪代谢的状况。该试验中，试验组相对于对照组，鸡只的腹脂率均有一定程度的降低，可能是因为假蒟具有较强的抗氧化活性和降低总胆固醇的作用，可以在一定程度上促进鸡只的胸肌蛋白沉积，影响脂肪代谢，减少脂肪组织的形成。

滴水损失是指在不施加任何外力而只受重力作用的条件下，肌肉蛋白质系统在测定时的液体损失量，其值越低肉质越好。由于机体自由基易攻击肌肉细胞膜中的不饱和脂肪酸和磷脂，从而引起脂质过氧化反应，损坏细胞膜的结构，增加鸡肉水分的渗出量。因此，滴水损失值低表明机体抗氧化性能强。该试验中，试验组胸肌滴水损失值均低于 T0 组，可能是因为假蒟具有抗氧化活性，可通过提高组织抗氧化能力，进而维持细胞的膜结构和功能的完整性，减少胞浆液穿过细胞膜流失来降低滴水损失，改善肌肉品质。

嫩度是反应肌肉口感好坏的指标，并受多种因素的影响。肌肉中结缔组织、肌原纤维和肌浆成分的含量与化学结构状态是其主要物质基础，肌肉质地越好、肌纤维越细，肌肉就越细嫩。一般用剪切力表示嫩度的高低，剪切力值越大，肌肉嫩度越小，反之则嫩度越大。脂肪可增加肉的嫩度和肉质的多汁性及风味。脂肪的含量与剪切力的大小呈负相关性。该试验中，试验组的胸肌粗脂肪值均高于 T0 组，且胸肌剪切力均低于 T0 组，说明假蒟提取物能一定程度上增加胸肌的嫩度，增强肌肉风味和口感。

9.2.4 结论

该试验结果表明，在基础日粮中添加 50～200 mg/kg 的假蒟提取物能提高 6～8 周文昌鸡日均增重和日均采食量，有效改善文昌鸡胸肌肉质。

10　假蒟提取物在反刍动物日粮中的应用研究

作者团队研究了假蒟提取物在山羊日粮中的应用（王媛等，2018；王定发等，2020；Zhou et al.，2020）。泰国孔敬大学的Cherdthong等（2019）研究了在日粮中添加假蒟叶粉对泰国本地肉牛饲料效率、瘤胃发酵的影响。

10.1　假蒟提取物在黑山羊日粮中的应用研究

研究人员将40只体重相近的海南黑山羊［（9.90±1.13）kg］随机分为4个处理组，分别为T0组、T300组、T600组和T1200组，每个处理组5个重复。各组分别在精料补充料中添加0 mg/kg、300 mg/kg、600 mg/kg和1200 mg/kg的假蒟提取物，经过15天预试期后，开始为期56天的正试期。假蒟提取物为假蒟茎、叶通过超临界CO_2提取法得到的膏状浸提物，经冷冻干燥成粉末状后与沸石粉按1∶1比例混合均匀后制得。精料和粗饲料的每日饲喂量根据预试期采食量来确定，以使黑山羊尽量完全采食，略有剩余为原则。分别于每天上午8：30和下午15：00各饲喂一次黑山羊，先饲喂精料补充料，再饲喂粗饲料皇竹草（王草）。试验期间日粮组成不变，精料的组成及精料和王草营养水平见表10.1。

表 10.1　精料的组成及精料和王草营养水平

项　目		精料	王草
组成（%）	玉米	69.20	—
	大豆粕	22.00	—
	麦麸	3.00	—
	盐	1.20	—
	碳酸氢钠	0.60	—
	预混料	4.00	—
营养水平	干物质（%）	92.67	19.71
	消化能（DM，MJ/kg）	13.70	9.20
	粗蛋白质（%）	16.03	9.02
	中性洗涤纤维（%）	23.29	51.01
	酸性洗涤纤维（%）	13.39	16.16
	钙（%）	0.80	0.35
	磷（%）	0.20	0.16

假蒟提取物对黑山羊生长性能的影响见表 10.2。由表 10.2 可知，在黑山羊日粮精料中添加假蒟提取物对其体重、采食量无显著影响（$P>0.05$）。但和对照组相比，在日粮精料中添加 300 mg/kg 假蒟提取物后能显著提高黑山羊的平均日增重，降低料重比（$P<0.05$）。

表 10.2　假蒟提取物对黑山羊生长性能影响

项　目		T0 组	T300 组	T600 组	T1200 组	SEM	*P* 值
初始重（kg）		9.84	9.28	10.57	9.91	0.26	0.4912
结束重（kg）		13.71	14.44	15.23	14.60	0.31	0.4307
平均日增重（g/d）		67.95^{b}	90.44^{a}	81.75^{ab}	82.25^{ab}	4.66	0.0392
平均采食量（g/d）	精料（以干物质计）	207.62	214.39	213.59	221.48	2.84	0.0767
	王草（以干物质计）	362.01	376.99	361.87	366.44	3.55	0.5878
	总干物质采食量	569.63	591.37	575.46	587.92	5.13	0.3261
料重比（F/G）		8.43^{a}	6.60^{b}	7.69^{ab}	7.21^{ab}	0.39	0.0218

黑山羊日均养分采食量见表 10.3。由表 10.3 可知，日粮中添加假蒟提取物可以增加黑山羊对钙和磷的日采食量（$P<0.05$），对其他日均养分采食量无显著影响（$P>0.05$）。

表 10.3 黑山羊日均养分采食量

项 目	T0 组	T300 组	T600 组	T1200 组	SEM	*P* 值
干物质（g）	569.63	591.37	575.46	587.92	5.13	0.3261
粗蛋白质（g）	65.61^{b}	66.67^{ab}	67.37^{ab}	69.93^{a}	0.92	0.0342
粗脂肪（g）	35.19	35.98	36.06	37.26	0.43	0.1825
粗灰分（g）	40.72^{ab}	42.25^{a}	38.55^{b}	41.11^{ab}	0.77	0.0127
钙（g）	2.82^{b}	3.03^{a}	3.00^{a}	3.01^{a}	0.05	0.0102
磷（g）	0.93^{c}	0.99^{bc}	1.01^{b}	1.07^{a}	0.03	0.0003
中性洗涤纤维（g）	233.12	242.51	233.74	238.70	2.22	0.2586
酸性洗涤纤维（g）	87.82	90.19	87.16	86.59	0.79	0.3511

黑山羊对日粮养分表观消化率见表 10.4。由表 10.4 可知，是否添加假蒟提取物对黑山羊对日粮中粗蛋白质、粗脂肪和粗灰分的表观消化率无显著影响（$P>0.05$），但可显著提高对日粮中钙、磷、中性洗涤纤维和酸性洗涤纤维的表观消化率（$P<0.05$）。

表 10.4 黑山羊对日粮养分表观消化率

项 目	T0 组	T300 组	T600 组	T1200 组	SEM	*P* 值
粗蛋白质（%）	56.52	55.92	62.60	57.88	1.51	0.0597
粗脂肪（%）	56.47	54.90	53.43	53.90	0.67	0.7808
粗灰分（%）	34.39	34.28	38.43	35.74	0.97	0.4350
钙（%）	29.17^{b}	36.81^{a}	39.93^{a}	41.96^{a}	2.81	0.0006
磷（%）	34.94^{b}	35.78^{b}	53.23^{a}	61.78^{a}	6.63	0.0011
中性洗涤纤维（%）	62.19^{b}	70.28^{ab}	72.80^{ab}	76.38^{a}	3.01	0.0166
酸性洗涤纤维（%）	43.27^{b}	45.20^{b}	57.52^{a}	59.42^{a}	4.14	0.0016

假蒟属胡椒科植物，其提取物有辛辣气味，可能会刺激山羊味觉，从而促进其采食。在该试验中，在精料补充料中添加假蒟提取物对黑山羊采食量无显著影响，但随着假蒟提取物在精料补充料中添加比例的增加，黑山羊对精料补充料的采食量有增加趋势。因为精料补充料中的粗蛋白质、粗灰分、钙、磷含量要高于王草，故假蒟提取物增加了黑山羊对精料的采食量，从而促进了黑山羊对粗蛋白质、粗灰分、钙、磷的采食。有研究表明，当饲粮中添加 50～100 mg/kg 的假蒟提取物时，可促进断奶仔猪的采食量，当添加到 200 mg/kg 时，仔猪采食量反而下降。这说明假蒟提取物的添加量对日粮的气味和适口性影响较大，不同动物对这种气味和适口性的适应性不一样。该试验中，在日粮中添加假蒟提取物可提高黑山羊对日粮中钙、磷、中性洗涤纤维和酸性洗涤纤维的表观消化率。有研究表明，假蒟提取物含有胡椒碱，具有抗胆碱酯酶（AchE）的作用，可使胃肠道平滑肌产生兴奋，促进胃肠蠕动及胃酸分泌，从而提高动物机体对日粮中养分的消化和吸收。通常情况下，植物提取物中含有黄酮类、单宁、酚类、生物

碱类等多种化合物，假蒟提取物也不例外，其可能会调控山羊瘤胃纤维分解菌（如产琥珀酸拟杆菌、黄色瘤胃球菌及白色瘤胃球菌）的数量，提高瘤胃纤维分解菌对日粮中纤维的降解能力，进而增强山羊对纤维的消化率。

假蒟提取物对黑山羊机体抗氧化性能的性能的影响见表 10.5。由表 10.5 可知，与对照组相比，试验组黑山羊血清中 GSH－Px、T－AOC 的活性浓度显著增加（$P<0.05$），MDA 浓度降低（$P<0.05$）。这说明日粮中添加假蒟提取物可提高黑山羊机体的抗氧化性能。

表 10.5　假蒟提取物对黑山羊机体抗氧化性能的影响

项　目	T0 组	T300 组	T600 组	T1200 组	SEM	P 值
GSH－Px（U/mL）	125.21[c]	137.29[bc]	143.54[b]	167.71[a]	4.20	<0.01
T－AOC（U/mL）	0.41[b]	0.50[b]	0.51[ab]	0.62[a]	0.03	<0.01
T－SOD（U/mL）	137.56	141.47	143.21	147.56	2.60	0.10
MDA（nmol/mL）	2.86[a]	2.21[b]	2.15[b]	1.67[b]	0.14	<0.01

假蒟提取物对黑山羊瘤胃液 pH、NH_3－N 及微生物蛋白的影响见表 10.6。由表 10.6 可知，随着精料中假蒟提取物添加量的增加，黑山羊瘤胃液中原虫蛋白的浓度显著降低（$P<0.05$）。

表 10.6　假蒟提取物对黑山羊瘤胃液 pH、NH_3－N 及微生物蛋白的影响

项　目	T0 组	T300 组	T600 组	T1200 组	SEM	P 值
pH	6.72	6.86	6.88	6.95	0.08	0.29
NH_3－N（mg/100mL）	27.96	26.28	25.17	23.25	1.23	0.10
原虫蛋白（mg/mL）	2.20[a]	1.96[a]	1.91[a]	1.08[b]	0.15	<0.01
细菌蛋白（mg/mL）	1.22[b]	1.85[a]	2.02[a]	2.08[a]	0.08	<0.01

假蒟提取物对黑山羊瘤胃液中挥发性脂肪酸（Volatile Fatty Acid，VFA）浓度的影响见表 10.7。由表 10.7 可知，与对照组相比，试验组黑山羊瘤胃液中乙酸和戊酸的浓度显著降低，乙酸/丙酸值也显著降低（$P<0.05$）。

表 10.7　假蒟提取物对黑山羊瘤胃液中 VFA 浓度的影响

项　目	T0 组	T300 组	T600 组	T1200 组	SEM	P 值
乙酸（mg/mL）	72.72[a]	59.01[b]	52.70[bc]	43.52[c]	3.18	<0.01
丙酸（mg/mL）	17.08	15.92	15.81	17.23	0.83	0.52
丁酸（mg/mL）	6.28	6.75	6.87	6.92	0.19	0.11
戊酸（mg/mL）	4.71[a]	3.68[b]	3.66[b]	3.00[c]	0.11	<0.01

续表

项　目	T0 组	T300 组	T600 组	T1200 组	SEM	P 值
异戊酸（mg/mL）	2.30	2.33	2.27	2.28	0.10	0.97
乙酸/丙酸	4.28[a]	3.77[ab]	3.38[ab]	2.55[b]	0.31	0.01

假蒟提取物对黑山羊瘤胃液中主要微生物含量的影响见表 10.8。由 10.8 可知，与对照组相比，T600 组和 T1200 组黑山羊瘤胃液中原虫、真菌、黄色瘤胃球菌、白色瘤胃球菌、甲烷菌、溶纤维丁酸弧菌含量显著降低（$P<0.05$）。

表 10.8　假蒟提取物对黑山羊瘤胃液中主要微生物含量的影响

项　目	T0 组	T300 组	T600 组	T1200 组	SEM	P 值
原虫（%）	1.66[a]	1.44[ab]	1.31[b]	1.03[c]	0.07	<0.0001
真菌（$\times10^{-2}$%）	2.75[a]	2.47[ab]	2.34[bc]	2.14[c]	0.10	0.0007
黄色瘤胃球菌（%）	5.60[a]	5.33[ab]	4.98[bc]	4.62[c]	0.25	0.0007
白色瘤胃球菌（%）	0.29[a]	0.28[a]	0.24[b]	0.22[b]	0.03	0.0006
甲烷菌（$\times10^{-3}$%）	2.82[a]	2.52[b]	2.47[b]	2.36[b]	0.15	0.0036
产琥珀酸丝状杆菌（%）	0.32	0.30	0.28	0.26	0.02	0.1959
溶纤维丁酸弧菌（%）	20.94[a]	20.43[ab]	16.66[bc]	18.41[c]	1.30	0.0003

反刍动物瘤胃内微生物种类丰富，主要包括瘤胃原虫、细菌和真菌。经过长期的适应和选择，瘤胃内的微生物与反刍动物之间、各种微生物之间存在一种相互依存、相互制约的关系。瘤胃为微生物提供生长环境，反刍动物日粮为微生物生长提供需要的养分。同时，瘤胃微生物也可以通过帮助动物机体消化粗饲料中的纤维素类物质，为动物机体提供能量和养分。调控瘤胃发酵的实质是调控瘤胃微生物区系。瘤胃原虫可以降解纤维素，稳定瘤胃液 pH。瘤胃原虫不能直接利用氨态氮，主要靠吞噬细菌合成蛋白质，因此降低瘤胃原虫的数量可提高瘤胃微生物蛋白产量，提高瘤胃内氮的利用效率。瘤胃真菌可分泌纤维素酶、半纤维素酶、木聚糖酶等，可降解和利用纤维素。但真菌相对于细菌繁殖速度较慢，所以真菌发酵在瘤胃发酵中并不占主导地位，而瘤胃细菌在纤维降解中占主要地位。瘤胃微生物中降解纤维素的细菌主要有瘤胃球菌、产琥珀酸丝状杆菌、溶纤维丁酸弧菌，它们能够分泌大量的纤维素酶、半纤维素酶。其中一种常见的瘤胃球菌是厌氧型革兰氏阳性菌。试验结果显示，在日粮中添加假蒟提取物可抑制山羊瘤胃液中原虫、真菌和细菌的生长，之前尚未见将假蒟及其提取物应用于反刍动物饲养的报道。有研究表明，多数植物提取物具有抗原虫作用，可能与其含有亲脂性的茴香脑类化合物有关，该类化合物可促进原生动物细胞膜的渗透性，从而抑制其代谢。该试验还表明，假蒟提取物对山羊瘤胃液中的产甲烷菌有较强的抑制作用，瘤胃液中的产甲烷菌一般与瘤胃纤毛原虫共生，而且瘤胃纤毛原虫丰度与瘤胃甲烷排放量之间存在显著的

线性关系。因此，假蒟提取物对瘤胃液中的产甲烷菌的抑制作用可能与其抑制瘤胃原虫有关。Shi 等（2017）研究发现，从假蒟提取物中分离出的酰胺类生物碱具有显著的抗真菌作用，假蒟提取物对瘤胃真菌的抑制作用可能与假蒟提取物中含有的酰胺类生物碱有关。有研究表明，假蒟提取物对一些致病菌，如金黄色葡萄球菌、肺炎克雷伯菌、铜绿假单胞菌和大肠杆菌具有抑制作用。植物提取物中的单宁、皂苷以及植物精油能够抑制革兰氏阳性菌，降低瘤胃液中细菌的肽酶活性。在该试验中，假蒟提取物亦显著降低了山羊瘤胃液中黄色瘤胃球菌、白色瘤胃球菌和溶纤维丁酸弧菌的含量，而对产琥珀酸丝状杆菌的含量无显著影响。可能因为产琥珀酸丝状杆菌为革兰氏阴性菌，比瘤胃球菌这类革兰氏阳性菌对外界物质的耐受力更强。

试验结果表明，在日粮中添加 300 mg/kg 假蒟提取物可显著提高黑山羊的日增重和饲料效率，提高对日粮钙、磷、中性洗涤纤维和酸性洗涤纤维的表观消化率；在日粮中添加假蒟提取物可显著增加黑山羊机体抗氧化性能，降低瘤胃液中原虫蛋白浓度，并降低瘤胃液中乙酸、戊酸浓度以及乙酸/丙酸值；在日粮中添加 300～1200 mg/kg 的假蒟提取物，可以显著降低山羊瘤胃液中原虫、真菌、黄色瘤胃球菌、白色瘤胃球菌、甲烷菌、溶纤维丁酸弧菌的数量。

10.2 假蒟在肉牛日粮中的应用研究

泰国孔敬大学 Cherdthong 等（2019）研究了在日粮中添加假蒟叶粉对泰国本地肉牛饲料效率、瘤胃发酵的影响。试验选取 4 头泰国本地 12～18 月龄肉牛［（150±20 kg)］，4×4 拉丁方设计。试验日粮设计为 4 个假蒟叶粉添加水平，分别为每天 0 g/头、0.6 g/头、1.2 g/头和 2.4 g/头。假蒟叶粉为收集当地生长 60 天的新鲜假蒟，经晒干、粉碎后制得。所有肉牛每天采食代谢体重（$W^{0.75}$）0.5%的精料补充料，自由采食稻草、自由饮水和舔舐矿物元素舔砖。试验包含 4 个周期，每个周期为 21 天。每个周期前 14 天为适应期，后 7 天为试验期。原料组成及精料、稻草、假蒟叶粉的营养水平见表 10.9。

表 10.9　原料组成及精料、稻草、假蒟叶粉的营养水平

项目		精料	稻草	假蒟叶粉
原料组成（DM）	木薯片（%）	55.00	—	—
	米糠（%）	11.00	—	—
	椰子粕（%）	12.90	—	—
	棕榈粕（%）	13.50	—	—
	尿素（%）	2.60	—	—
	纯硫（%）	1.00	—	—
	矿物元素预混料（%）	1.00	—	—

续表

项　目		精料	稻　草	假蒟叶粉
原料组成（DM）	液体糖蜜（%）	2.00	—	—
	食盐（%）	1.00	—	—
营养水平	干物质（%）	91.30	92.10	26.20
	有机物（DM，%）	87.00	80.30	91.10
	粗蛋白质（DM，%）	13.60	3.30	19.10
	中性洗涤纤维（DM，%）	12.20	65.80	63.40
	酸性洗涤纤维（DM，%）	8.40	40.20	38.60
	总黄酮（mg/kg）	—	—	91.02

研究人员收集了试验肉牛粪样、饲料样，分析测定养分摄入量、养分消化率；收集了试验肉牛血样和瘤胃液，分析测定瘤胃发酵参数以及血液尿素氮含量。

日粮中添加假蒟叶粉对肉牛采食量及饲料养分消化率的影响见表 10.10。单位代谢体重稻草采食量和总采食量随着假蒟叶粉饲喂量的增加而呈线性增长（$P<0.05$）。在日粮中添加假蒟叶粉对肉牛养分摄入量（如 OM、CP、NDF 和 ADF）无显著影响（$P>0.05$）。

表 10.10　日粮中添加假蒟叶粉对肉牛采食量及饲料养分消化率的影响

项　目		假蒟叶粉饲喂量（g/d）				SEM	*P* 值	线性	二次
		0	0.6	1.2	2.4				
干物质采食量	稻草								
	kg/d	2.25	2.32	2.36	2.45	0.11	0.81	ns	ns
	g/kg·$BW^{0.75}$	52.76^{a}	54.13^{ab}	55.06^{ab}	57.45^{b}	1.22	0.03	0.02	ns
	精料								
	kg/d	0.75	0.75	0.75	0.75	0.23	0.71	ns	ns
	g/kg·$BW^{0.75}$	17.47	17.50	17.50	17.47	0.71	0.55	ns	ns
	假蒟叶粉								
	kg/d	0	0.6	1.2	2.4	—	—	—	—
	g/kg·$BW^{0.75}$	0.000	0.014	0.028	0.056	—	—	—	—
	总采食量								
	kg/d	3.00	3.07	3.11	3.20	0.56	0.34	ns	ns
	g/kg·$BW^{0.75}$	70.23^{a}	71.64^{a}	72.59^{ab}	74.97^{b}	1.13	0.02	0.03	ns
养分摄入量（kg）	干物质	3.00	3.07	3.11	3.20	0.56	0.34	ns	ns
	有机物	2.70	2.77	2.80	2.88	0.76	0.26	ns	ns
	粗蛋白质	0.53	0.55	0.55	0.57	0.09	0.18	ns	ns
	中性洗涤纤维	1.52	1.56	1.59	1.65	0.64	0.33	ns	ns
	酸性洗涤纤维	0.93	0.96	0.91	1.01	0.18	0.76	ns	ns

续表

项　目		假蒟叶粉饲喂量（g/d）				SEM	P 值	线性	二次
		0	0.6	1.2	2.4				
养分消化率（kg）	干物质	64.05[a]	65.33[a]	66.52[ab]	68.85[b]	1.02	0.03	0.04	ns
	有机物	72.64	73.03	73.54	75.83	2.50	0.84	ns	ns
	粗蛋白质	54.05	55.34	55.95	57.88	1.70	0.71	ns	ns
	中性洗涤纤维	50.36	51.92	52.00	53.17	1.63	0.55	ns	ns
	酸性洗涤纤维	34.23	35.64	35.35	36.51	0.98	0.44	ns	ns

注：ns 表示为无显著差异。

在日粮中添加假蒟叶粉对肉牛瘤胃发酵、瘤胃微生物及血液代谢产物的影响见表10.11。如表 10.11 所示，在日粮中添加假蒟叶粉对肉牛瘤胃环境 pH、瘤胃温度和 NH_3-N 浓度无显著影响（$P>0.05$），NH_3-N 是瘤胃微生物蛋白质合成的主要氮源。各组肉牛瘤胃细菌数量无显著差异，但是每头每天采食 2.4 g 假蒟叶粉显著降低了瘤胃液中原虫数量（$P<0.05$）。可能是因为假蒟中存在黄酮类化合物，其直接抑制了原虫细胞壁或核酸合成。有研究表明，黄酮类化合物可抑制原虫的生长。血清中尿素氮浓度和瘤胃液中 NH_3-N 浓度高度相关，日粮中添加假蒟叶粉对肉牛血液中尿素氮浓度无显著影响。

表 10.11　日粮中添加假蒟叶粉对肉牛瘤胃发酵、瘤胃微生物及血液代谢产物的影响

项　目	假蒟叶粉饲喂量（g/d）				SEM	P 值	线性	二次
	0	0.6	1.2	2.4				
瘤胃环境 pH								
采食后 0 h	7.13	7.01	7.18	7.06	0.10	0.66	ns	ns
采食后 4 h	6.97	6.99	7.02	6.90	0.06	0.61	ns	ns
平均值	7.05	7.00	7.10	6.98	0.06	0.58	ns	ns
瘤胃温度（℃）								
采食后 0 h	39.46	39.45	39.71	38.60	0.95	0.74	ns	ns
采食后 4 h	40.70	40.26	40.21	39.96	0.68	0.50	ns	ns
平均值	40.48	39.86	39.96	39.28	0.49	0.68	ns	ns
NH_3-N 浓度（mg/dL）								
采食后 0 h	13.00	13.25	13.00	14.05	0.17	0.51	ns	ns
采食后 4 h	14.50	14.25	15.50	15.50	0.13	0.52	ns	ns
平均值	13.75	13.75	14.25	14.78	0.11	0.49	ns	ns
血清尿素氮浓度（mg/dL）								
采食后 0 h	10.51	11.01	10.98	11.21	1.19	0.41	ns	ns

续表

项 目	假蒟叶粉饲喂量（g/d）				SEM	P 值	线性	二次
	0	0.6	1.2	2.4				
采食后 4 h	11.21	12.11	11.25	12.31	1.47	0.42	ns	ns
平均值	10.86	11.56	11.12	11.76	1.23	0.37	ns	ns
瘤胃微生物细菌（$\times10^9$个/mL）								
采食后 0 h	1.00	1.08	1.07	1.04	0.53	0.71	ns	ns
采食后 4 h	1.17	1.15	1.09	1.05	0.45	0.41	ns	ns
平均值	1.09	1.12	1.08	1.05	0.40	0.97	ns	ns
原虫（$\times10^6$个/mL）								
采食后 0 h	9.05[a]	5.00[b]	6.26[b]	3.12[c]	1.30	0.03	0.01	ns
采食后 4 h	9.25[a]	6.25[b]	6.37[b]	3.50[c]	1.67	0.04	0.04	ns
平均值	9.15[a]	5.63[b]	6.32[b]	3.31[c]	1.54	0.01	0.02	ns

日粮中添加假蒟叶粉对肉牛瘤胃液中总 VFA 及预测 CH_4 产量的影响见表 10.12。日粮中添加假蒟叶粉对肉牛瘤胃液中总 VFA、乙酸、丁酸、乙酸/丙酸、乙酸+丁酸/丙酸均无显著影响。但是，采食后 4 h 以及平均丙酸含量随着假蒟叶粉采食量的增加呈线性增长（$P<0.05$）。丙酸含量的增长可能和提高了采食量以及干物质消化率有关。

表 10.12 日粮中添加假蒟叶粉对肉牛瘤胃液中总 VFA 及预测 CH_4 产量的影响

项 目	假蒟叶粉饲喂量（g/d）				SEM	P 值	线性	二次
	0	0.6	1.2	2.4				
总 VFA（mmol/L）								
采食后 0 h	95.66	93.23	93.01	92.11	29.93	0.49	ns	ns
采食后 4 h	102.60	100.20	100.10	98.70	30.93	0.95	ns	ns
平均值	99.13	96.72	96.56	95.41	28.79	0.76	ns	ns
乙酸（在 100 mol VFA 中的占比，%）								
采食后 0 h	69.01	70.20	69.99	68.29	1.84	0.87	ns	ns
采食后 4 h	71.69	72.39	71.99	70.09	3.02	0.20	ns	ns
平均值	70.35	71.30	70.99	69.19	2.34	0.31	ns	ns
丙酸（在 100 mol VFA 中的占比，%）								
采食后 0 h	18.02	19.89	19.91	20.11	1.48	0.24	ns	ns
采食后 4 h	19.91[a]	20.21[a]	22.45[b]	24.89[c]	0.59	0.03	0.04	ns
平均值	18.97[a]	20.05[a]	21.18[b]	22.50[c]	0.22	0.02	0.03	ns
丁酸（在 100 mol VFA 中的占比，%）								

续表

项 目	假蒟叶粉饲喂量（g/d）				SEM	P 值	线性	二次
	0	0.6	1.2	2.4				
采食后 0 h	12.97	9.91	10.10	11.60	3.60	0.33	ns	ns
采食后 4 h	8.40	7.40	5.56	5.02	2.38	0.18	ns	ns
平均值	10.69	8.66	7.83	8.31	1.96	0.67	ns	ns
乙酸/丙酸								
采食后 0 h	3.83	3.53	3.52	3.40	0.32	0.33	ns	ns
采食后 4 h	3.60	3.58	3.21	2.82	0.24	0.28	ns	ns
平均值	3.71	3.56	3.35	3.08	0.12	0.33	ns	ns
乙酸+丁酸/丙酸								
采食后 0 h	4.55	4.03	4.02	3.97	0.52	0.40	ns	ns
采食后 4 h	4.02	3.95	3.45	3.02	0.33	0.21	ns	ns
平均值	4.27	3.99	3.72	3.44	0.44	0.39	ns	ns
预测 CH_4 产量（mM/L）								
采食后 0 h	32.35	31.12	29.78	29.91	1.87	0.51	ns	ns
采食后 4 h	30.85^a	28.69^b	27.14^b	24.45^c	0.51	0.02	0.03	ns
平均值	31.55^a	29.91^b	28.46^b	27.18^c	0.98	0.04	0.02	ns

日粮中添加假蒟叶粉显著降低了预测 CH_4 产量。随着日粮中添加假蒟叶粉水平的增加，采食后 4 h 预测 CH_4 产量呈线性降低（$P<0.05$）。与对照组相比，日粮中添加假蒟叶粉的量为 2.4 g/头，采食后 4 h 预测 CH_4 产量降低了 21.33%。原因可能是假蒟叶粉中的黄酮类化合物减少了瘤胃液中的原虫数量，而产甲烷菌一般是和原虫共生的，因此减少了瘤胃原虫数量，间接减少了产甲烷菌，从而降低了甲烷产气量。

综上所示，以每天 2.4 g/头的剂量补饲假蒟叶粉，可以提高肉牛采食量、干物质消化率和瘤胃液中丙酸含量，降低瘤胃液中原虫数量，并降低预测 CH_4 产量。

11 假蒟提取物在饲料中的防霉作用研究

饲料由于水分含量高、富含多种营养物质，容易受到有害微生物的污染。而有害微生物在饲料中的代谢和生长可使饲料发生不同程度的腐败、变质，导致其营养价值降低、适口性变差，甚至产生霉菌毒素（即霉菌产生的有毒代谢产物），进而在动物采食后损害动物机体的肝脏、肾脏、神经组织等，危害动物健康，影响动物生长性能，甚至导致动物中毒死亡，给养殖业带来巨大的经济损失。

防霉剂是防止致病性微生物滋生的一类添加剂，它们在饲料中的应用对保证饲料营养价值、防止饲料变质、延长饲料保质期等非常重要。饲料生产、运输和储存是一个耗时长、环节多的过程，被致病微生物污染的可能性贯穿始终。特别是真菌产生的有毒次生代谢产物（即霉菌毒素），是一种存在于饲料和原料中的抗营养因子，能造成动物机体各个脏器的损害，引起机体急性或慢性中毒，严重时甚至造成死亡。其中，玉米赤霉烯酮是由 *Fusarium* 属真菌产生的次生有毒代谢产物，是存在于饲料中最主要的霉菌毒素之一。

为了充分利用地区特色药用植物资源，研究开发天然植物提取物类饲料防霉剂，作者团队分别将假蒟提取物添加于饲料中，开展了其在饲料中防霉效果的研究。

11.1 假蒟提取物对饲料的防霉作用研究

采用冷浸法工艺，用 95%乙醇提取假蒟，得到假蒟乙醇提取物（PSE），然后将 150 g PSE 与 150 g 二氧化硅细粉（1∶1 的质量比）混合，充分搅拌均匀即为 PSE 粉剂，再将 PSE 粉剂置于−20℃冰箱保存待用。

在开展试验的当天，将乳猪饲料配方中的 4 种主要原料，即玉米、豆粕、进口鱼粉和大豆油按照 137∶36∶8∶1 的质量比进行配制，同时加入抗氧化剂乙氧基喹啉（0.2 g/kg），并用搅拌机混合均匀，最终配制成 200 kg 饲料作为后续防霉防腐试验的样品材料。将 60 kg 饲料随机分为 4 个试验组，分别为空白组、对照组、PSE1 组、PSE2 组，每个试验组设 3 个重复组，每个重复为 5 kg 饲料。具体分组操作如下：空白组在饲料中不添加防霉剂；对照组在饲料中加入 1 g/kg 双乙酸钠（按照使用说明书，双乙酸钠通常在饲料中的添加量为 1‰～2‰）；PSE1 组在饲料中加入 4 g/kg PSE 粉剂（即 PSE 含量为 2 g/kg），PSE2 组在饲料中加入 8 g/kg PSE 粉剂（即 PSE 含量为 4 g/kg）。然后将各试验组饲料充分混合均匀，分别用灭菌封口袋密封后放置于自然环境中储存。整个试验周期为 28 天。采集样本的时间分别为第 1 天、第 14 天和第 28 天。在整个试验过程中，采集样本的原则参照《饲料　采样》（GB/T 14699.1—2005）进行。试验样品分装和采集的全过程均须在无菌操作室和无菌操作台进行，需要用到的器皿都要进行灭菌处理，以避免微生物交叉污染而影响试验结果。每次采样后，严格按照要求进行样品前处理并测定相关指标。测定指标为细菌总数、霉菌总数和玉米赤霉烯酮（ZEN），分别参照《饲料中细菌总数的测定》（GB/T 13093—2006）、《饲料中霉菌总数的测定》（GB/T 13092—2006）和《食品中玉米赤霉烯酮的测定》（GB/T 5009.209—2016）中的要求进行测定。在整个试验期间，各实验组中饲料的水分含量控制在 12%左右。

各试验组在第 1 天、第 14 天和第 28 天时的细菌总数、霉菌总数和玉米赤霉烯酮的含量见图 11.1 和表 11.1。由图 11.1 可以直观地看到在试验期间，各试验组中细菌总数、霉菌总数和玉米赤霉烯酮含量的变化趋势。由图 11.1 可知，在试验第 14 天和第 28 天，与空白组相比，PSE1 组、PSE2 组和对照组均具有较好的抑制饲料中细菌和霉菌生长的效果。与空白组和对照组相比，PSE1 组、PSE2 组均有效减少了饲料中玉米赤霉烯酮的产生。

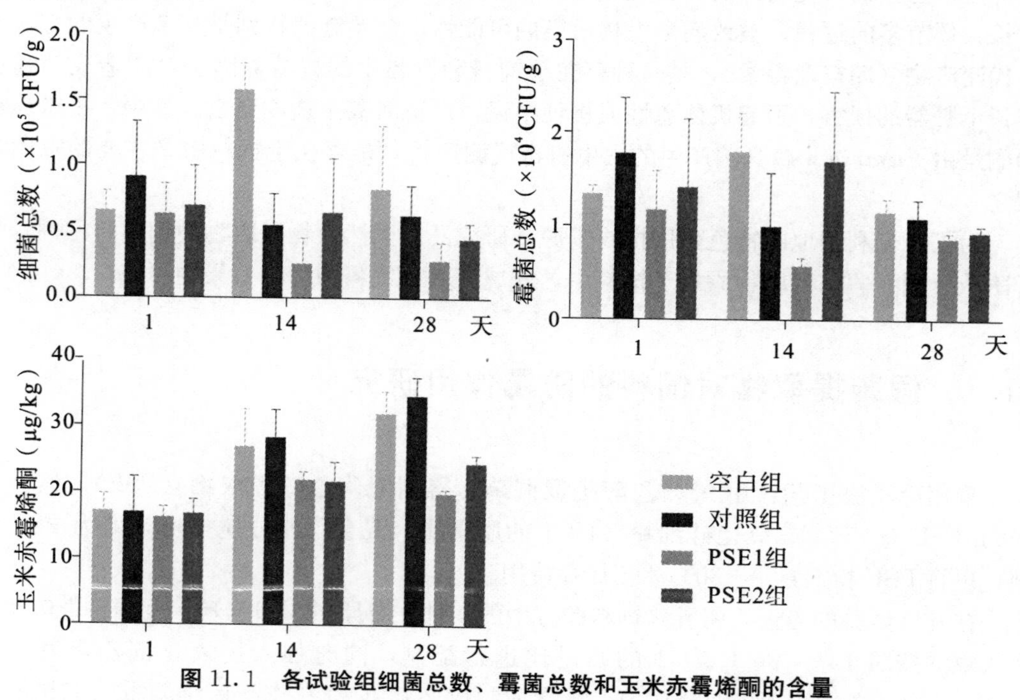

图 11.1　各试验组细菌总数、霉菌总数和玉米赤霉烯酮的含量

表 11.1 各试验组细菌总数、霉菌总数和玉米赤霉烯酮的含量

项目	天数	空白组	对照组	PSE1 组	PSE2 组
细菌总数（$\times 10^5$ CFU/g）	第 1 天	0.65±0.16	0.91±0.43	0.63±0.22	0.70±0.29
	第 14 天	1.58 ± 0.20^a	0.54 ± 0.24^b	0.25 ± 0.20^b	0.65 ± 0.41^b
	第 28 天	0.83±0.47	0.63±0.23	0.28±0.13	0.47±0.09
霉菌总数（$\times 10^4$ CFU/g）	第 1 天	1.34±0.09	1.77±0.62	1.17±0.42	1.43±0.72
	第 14 天	1.78 ± 0.43^a	0.99 ± 0.59^{ab}	0.58 ± 0.09^b	1.70 ± 0.75^a
	第 28 天	1.15±0.15	1.08±0.20	0.87±0.06	0.95±0.05
玉米赤霉烯酮含量（μg/kg）	第 1 天	16.92±2.78	16.83±5.12	16.05±1.70	16.67±2.09
	第 14 天	26.52±5.58	27.87±4.34	21.58±1.38	21.50±2.78
	第 28 天	31.38 ± 3.48^a	34.02 ± 2.82^a	19.62 ± 0.52^b	24.18 ± 1.22^b

在实验开始的第 1 天，各试验组饲料中的细菌总数、霉菌总数和玉米赤霉烯酮含量基本处于同一水平，无显著差异（$P>0.05$）。

细菌总数分析结果显示，在试验第 14 天和第 28 天，PSE1 组、PSE2 组、对照组的细菌总数均低于空白组，且在第 14 天显著低于空白组（$P<0.05$），表现出较好的抗细菌活性。PSE1 组、PSE2 组和对照组的细菌总数无显著差异（$P>0.05$）。

霉菌总数分析结果显示，在试验第 14 天，PSE1 组、PSE2 组和对照组的霉菌总数均低于空白组，其中 PSE1 组显著低于空白组（$P<0.05$）。

此外，在试验第 14 天，与空白组和对照组相比，PSE1 组和 PSE2 组中玉米赤霉烯酮的含量呈下降趋势；在试验第 28 天，虽然各试验组之间的霉菌总数无显著差异（$P>0.05$），但 PSE1 组和 PSE2 组中玉米赤霉烯酮的含量却显著低于对照组和空白组（$P<0.05$）。

11.2 假蒟提取物对禾谷镰刀菌的体外抑制作用研究

假蒟是一种广泛分布于热带及亚热带地区的胡椒科属多年生草本植物，已收录在 2020 年版《中国药典》中。假蒟一般每年可采摘 2～3 次，喜生长于园林或树林中半阴处。孙丹等（2008）研究发现，假蒟甲醇提取物对香蕉炭疽菌、芒果炭疽菌、香蕉枯萎菌等 8 种植物真菌类病原菌均有一定程度的抑制作用，抑菌率在 50%以上。毕仁军等（2009）研究 2%假蒟微乳剂对弯孢霉属和胶孢炭疽菌的抑制效果，发现其 EC_{50} 值分别为 3.26 mg/L 和 14.40 mg/L，抑制效果明显优于对照药剂多菌灵。Shi 等（2016）从假蒟提取物中分离出了 20 种生物碱类化合物，其中（2E,6E）－sarmentosine、胡椒林碱、demethoxypiplartine、brachyamide B 和1－[（2E,4E,9E）－10－（3,4－methylenedioxyphenyl）－2,4,9－undecatrienoyl]pyrrolidin 这 5 种酰胺类化合物均可抑制新生隐球菌而发挥抗真菌活性，且它们的 IC_{50} 值介于 7.1～20.0 μg/mL之间。Nazmul 等（2011）研

究发现，假蒟甲醇提取物对曲霉菌、白色念珠菌、毛癣菌和红毛癣菌等均表现出较好的抑制活性。基于以上研究，假蒟提取物具有较好的广谱抗真菌活性。

随着现代分析技术的飞速发展，超高效液相色谱—质谱联用（UHPLC－MS/MS）技术成为研究植物提取物中复杂多样的成分体系和动植物机体内代谢变化的重要技术手段。UHPLC－MS/MS 是一种融合了液相色谱分离技术和质谱检测技术的高端分析技术平台，具有样品前处理方法简便快速、专属性强、样品分析检测限低、灵敏度高、分辨性能高等优势。该技术对未知成分的筛查和鉴定大体分为两个步骤：①将处理好的样品放入 UHPLC－MS/MS 后，通过液相色谱仪对样本中不同极性的成分进行分离；②通过一级、二级或多级质谱图，采用精确分子量（质荷比）、同位素峰特性、特征碎片离子等比较分析手段，对分离出的各成分进行化学结构的推测及验证。

作者团队通过研究发现，在饲料中添加 2～4 g/kg 假蒟乙醇提取物能有效抑制饲料中的细菌和霉菌生长，尤其能显著抑制饲料中霉菌毒素玉米赤霉烯酮（ZEN）的产生。而 ZEN 主要是由镰刀菌属致病霉菌禾谷镰刀菌产生的一种高毒性次生代谢产物。基于此，作者团队采用微生物学方法（生长速率法）进一步研究了假蒟乙醇提取物对镰刀菌属致病霉菌中最具代表性的禾谷镰刀菌的生长抑制作用，同时运用 UHPLC－MS/MS 技术，对假蒟乙醇提取物中抗禾谷镰刀菌的化学成分，及其在抗禾谷镰刀菌的过程中与真菌代谢组学相关的代谢变化进行了研究。

研究人员首先使用二甲基亚砜（DMSO）作为溶剂将假蒟乙醇提取物配制成 100 mg/mL样品储备液，过 0.22 μm 滤膜待用。然后采用生长速率法测定假蒟乙醇提取物对禾谷镰刀菌的抑制作用。最后将禾谷镰刀菌置于 PDA 平板上纯化培养5～7天（温度为 28℃），以备接种使用。配制梯度假蒟乙醇提取物加药平板，质量浓度为 1 mg/mL、2 mg/mL，每个浓度设置 3 个平行试验，并用直径 4 mm 的打孔器小心地取菌块接种于加药平板中心培养 5 天。同时，设置阴性对照组 1（即 CK1 组，加菌种但不加样品，加入 1 mg/mL DMSO）、阴性对照组 2（即 CK2 组，加菌种但不加样品，加入 2 mg/mL DMSO）和空白组（即 BC 组，只加菌种）。假蒟乙醇提取物对禾谷镰刀菌的抑菌率计算公式为

$$抑菌率（\%）=\frac{对照菌落纯生长量—处理菌落纯生长量}{对照纯生长量-4}\times 100$$

分别于实验的第 3 天和第 5 天用游标卡尺对霉菌生长圈直径进行测量，结果如图 11.2 和图 11.3 所示。与此同时，在实验的第 5 天，分别采集 PSE1 组和 PSE2 组中禾谷镰刀菌生长圈内和圈外培养基，即分别设置为 PSE1－in 组（真菌生长区域）、PSE1－ex 组（无真菌生长区域）以及 PSE2－in 组（真菌生长区域）和 PSE2－ex 组（无真菌生长区域），对其进行假蒟乙醇提取物抗真菌活性成分的挖掘（结果见图 11.4 和表 11.2），从真菌代谢组学的角度来阐述假蒟乙醇提取物抗禾谷镰刀菌的作用效果。

由图 11.2 可以直观地看出，各试验组在试验期间（第 3 天和第 5 天）对禾谷镰刀菌生长的抑制情况。由图 11.3 可以看出，试验期间，1 mg/mL 和 2 mg/mL PSE 抑制禾谷镰刀菌的生长速率范围在 20%～36%之间。总之，PSE 组（PSE1 组和 PSE2 组）均表现出较好的抑制禾谷镰刀菌生长的效果，且随着 PSE 浓度的增加，即 1 mg/mL 增

加到 2 mg/mL 时，抑制真菌生长的效果有所增强。

基于 UHPLC—MS/MS 检测技术，经初步定性鉴定发现 PSE 中有 17 个化合物参与抑制禾谷镰刀菌生长。这 17 个化合物均因抗真菌作用而导致其含量（峰面积）被显著消耗（$P<0.05$），为 PSE 中抗禾谷镰刀菌的主要活性成分，即抗真菌标志成分，见表 11.2。这 17 个化合物的化学结构式如图 11.4 所示，其化合物信息分别为 8 个生物碱类，即去甲猪毛菜碱（salsolinol，化合物 1）、4－氧代脯氨酸(4－oxoproline,化合物 2)、D－焦谷氨酸(D－(＋)－pyroglutamic acid,化合物3)、valylphenylalanin(化合物4)、3－acetyl－2,4－dihydroxy－5－(1－methylpropyl)pyrrole(化合物5)、3－(5－isobutyl－3,6－dioxo－2－piperazinyl)propanoic acid(化合物6)、6－丙基－5,6,6a,7－四氢－4H－二苯并喹啉－10,11－二醇(6－propyl－5,6,6a,7－tetrahydro－4H－dibenzo－quinoline－10,11－diol,化合物7)和3′,4′－亚甲二氧基－α－吡咯烷丁苯酮(MDPBP,化合物8)。3 个酚类，即水杨酸(salicylic acid,化合物9)、4－甲氧基肉桂酸(4－methoxycinnamic acid,化合物10)和千层纸素 A(oroxylin A,化合物11)。3 个脂类，即 1－亚油酰甘油(1－linoleoyl glycerol,化合物12)、油酸甘油酯(monoolein,化合物13)和1－硬脂酰甘油(1－stearoyl glycerol,化合物14)。3 个有机酸类，即2－phenylethyl 3－*O*－(4－carboxy－3－hydroxy－3－methylbutanoyl)－β－D－glucopyranoside(化合物15)、十八－9－炔酸(octadec－9－ynoic acid,化合物16)和廿二碳四烯酸(adrenic acid,化合物17)。显示 PSE 中生物碱类化合物为抗禾谷镰刀菌的主要类成分，尤其是吡咯烷生物碱类化合物。

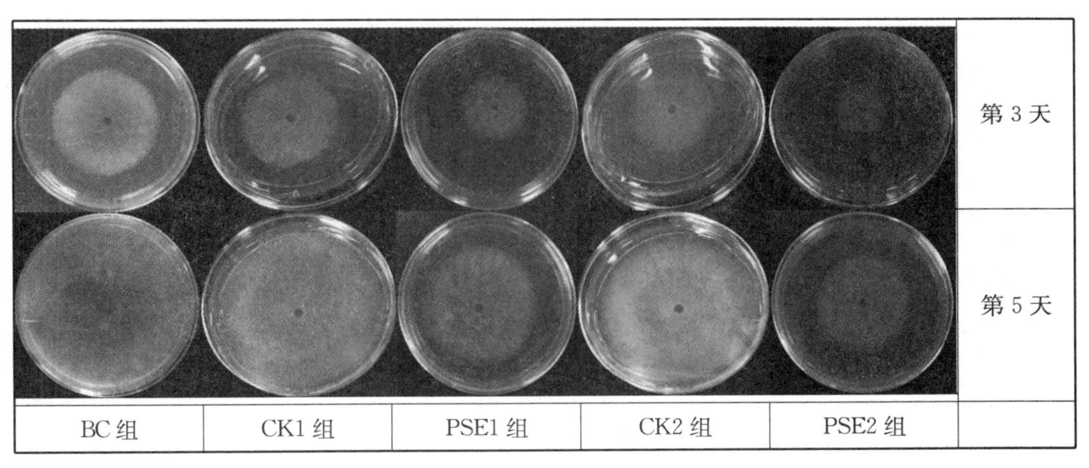

图 11.2　禾谷镰刀菌在 PDA 平板上的生长图

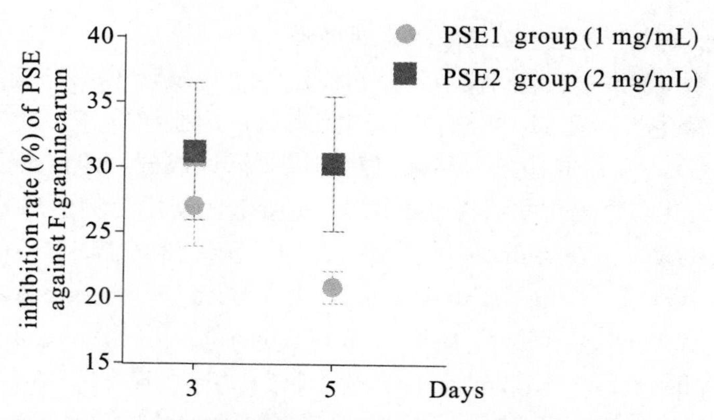

图 11.3 假药乙醇提取物抑制禾谷镰刀菌的生长速率图

图 11.4 17 个化合物的化学结构式

表 11.2 PSE 中参与抗禾谷镰刀菌的化学成分

No.	Rt(min)	Compound	Formula	Adducts[a]	FC^b		P−values[c]	
					PSE1−in vs. PSE1−ex	PSE2−in vs. PSE2−ex	PSE1−in vs. PSE1−ex	PSE2−in vs. PSE2−ex
生物碱类(Alkaloids)								
1	0.673	去甲猪毛菜碱(salsolinol)	$C_{10}H_{13}NO_2$	[M+H]	0.42	0.57	6.09×10^{-3}	3.32×10^{-2}
2	0.727	4−氧代脯氨酸(4−oxoproline)	$C_5H_7NO_3$	[M−H]	0.07	0.07	4.14×10^{-7}	5.64×10^{-7}
3	0.902	D−焦谷氨酸(D−(+)−pyroglutamic acid)	$C_5H_7NO_3$	[M+H]	0.04	0.05	7.36×10^{-7}	2.88×10^{-6}
4	3.994	valylphenylalanin	$C_{14}H_{20}N_2O_3$	[M+H]	0.06	0.20	3.26×10^{-5}	8.34×10^{-4}
5	4.466	3−acetyl−2,4−dihydroxy−5−(1−methylpropyl) pyrrole	$C_{10}H_{15}NO_3$	[M+Na]	0.34	0.45	3.94×10^{-3}	1.19×10^{-2}
6	5.130	3−(5−isobutyl−3,6−dioxo−2−piperazinyl) propanoic acid	$C_{11}H_{18}N_2O_4$	[M−H]	0.05	0.06	1.12×10^{-3}	6.01×10^{-4}
7	7.488	6−丙基−5,6,6a,7−四氢−4H−二苯并喹啉−10,11−二醇 (6−propyl−5,6,6a,7−tetrahydro−4H−dibenzo−quinoline−10,11−diol)	$C_{19}H_{21}NO_2$	[M+H]	0.18	0.26	6.70×10^{-4}	3.67×10^{-3}
8	8.753	3′,4′−亚甲二氧基−α−吡咯烷丁苯酮(MDPBP)	$C_{15}H_{19}NO_3$	[M+H]	0.29	0.24	3.02×10^{-3}	3.29×10^{-4}
酚类(Phenolic compounds)								
9	3.682	水杨酸(salicylic acid)	$C_7H_6O_3$	[M−H]	0.11	0.09	2.57×10^{-3}	5.15×10^{-3}
10	8.061	4−甲氧基肉桂酸(4−methoxycinnamic acid)	$C_{10}H_{10}O_3$	[M+H]	0.11	0.09	3.40×10^{-5}	9.93×10^{-6}
11	11.189	千层纸素 A(oroxylin A)	$C_{16}H_{12}O_5$	[M−H]	0.23	0.24	8.73×10^{-4}	1.06×10^{-3}
脂类(Lipids)								
12	13.240	1−亚油酰甘油(1−linoleoyl glycerol)	$C_{21}H_{38}O_4$	[M+H]	0.10	0.04	1.09×10^{-3}	8.19×10^{-5}

续表

No.	Rt(min)	Compound	Formula	Adducts[a]	FC[b]		P−values[c]	
					PSE1−in vs. PSE1−ex	PSE2−in vs. PSE2−ex	PSE1−in vs. PSE1−ex	PSE2−in vs. PSE2−ex
13	14.050	油酸甘油酯(monoolein)	$C_{21}H_{40}O_4$	[M+H]	0.23	0.09	3.59×10^{-2}	1.54×10^{-3}
14	15.066	1−硬脂酰甘油(1−stearoyl glycerol)	$C_{21}H_{42}O_4$	[M+H]	0.32	0.12	2.70×10^{-3}	8.64×10^{-6}
有机酸类(Organic acids)								
15	6.903	2−phenylethyl 3−O−(4−carboxy−3−hydroxy−3−methylbutanoyl)−β−D−glucopyranoside	$C_{20}H_{28}O_{10}$	[M−H]	0.81	0.78	2.47×10^{-3}	1.06×10^{-3}
16	13.243	十八−9−炔酸(octadec−9−ynoic acid)	$C_{18}H_{32}O_2$	[M+H−H_2O]	0.20	0.07	4.33×10^{-3}	6.60×10^{-5}
17	17.045	廿二碳四烯酸(adrenic acid)	$C_{22}H_{36}O_2$	[M+H]	0.16	0.05	1.01×10^{-2}	1.02×10^{-4}

注：①[a]化合物分别在 UHPLC−MS/MS 仪器中正离子模式（即 [M+H]，[M+Na] 和 [M+H−H_2O]）和负离子模式下（即 [M−H]）检测和定性。

②[b]PSE1−in 组和 PSE1−ex 组分别为同一含有 1 mg/mL PSE 的 PDA 平板中的真菌生长区域和无真菌生长区域；同样的，PSE2−in 组和 PSE2−ex 组分别为同一含有 2 mg/mL PSE 的 PDA 平板上的真菌生长区域和无真菌生长区域。此外，当 FC 值<0.90 时，表示该化合物参与了抗禾谷镰刀菌的进程。

③[c]Student's t−test 检验统计方法设置，当 P 值<0.05 时，表示具有统计学意义的显著差异。

为了判别各组之间的差异，对样本进行无监督模型的主成分分析（PCA），以得分图的形式获得更加可靠和直观的结果。由图 11.5（a）可以看出，PSE 组和 CK 组之间的样本分布于不同的象限区间，组间的样本得分相对分开，而 CK1 组与 CK2 组间，PSE1 组和 PSE2 组间区分并不明显，表明 1 mg/mL 和 2 mg/mL PSE 均对真菌禾谷镰刀菌代谢物有一定的影响。

在 PCA 的基础上，采用有监督模型的多元变量统计分析（PLS－DA）对 4 组样本数据进行分析。如图 11.5（b）所示，PSE 组和 CK 组之间的样本离散度较好，组间样本能够很好地进行区分，进一步表明 1 mg/mL 和 2 mg/mL PSE 均对真菌禾谷镰刀菌代谢物有一定的影响，且不同浓度水平的 PSE 对真菌代谢物也有不同的影响及代谢变化。

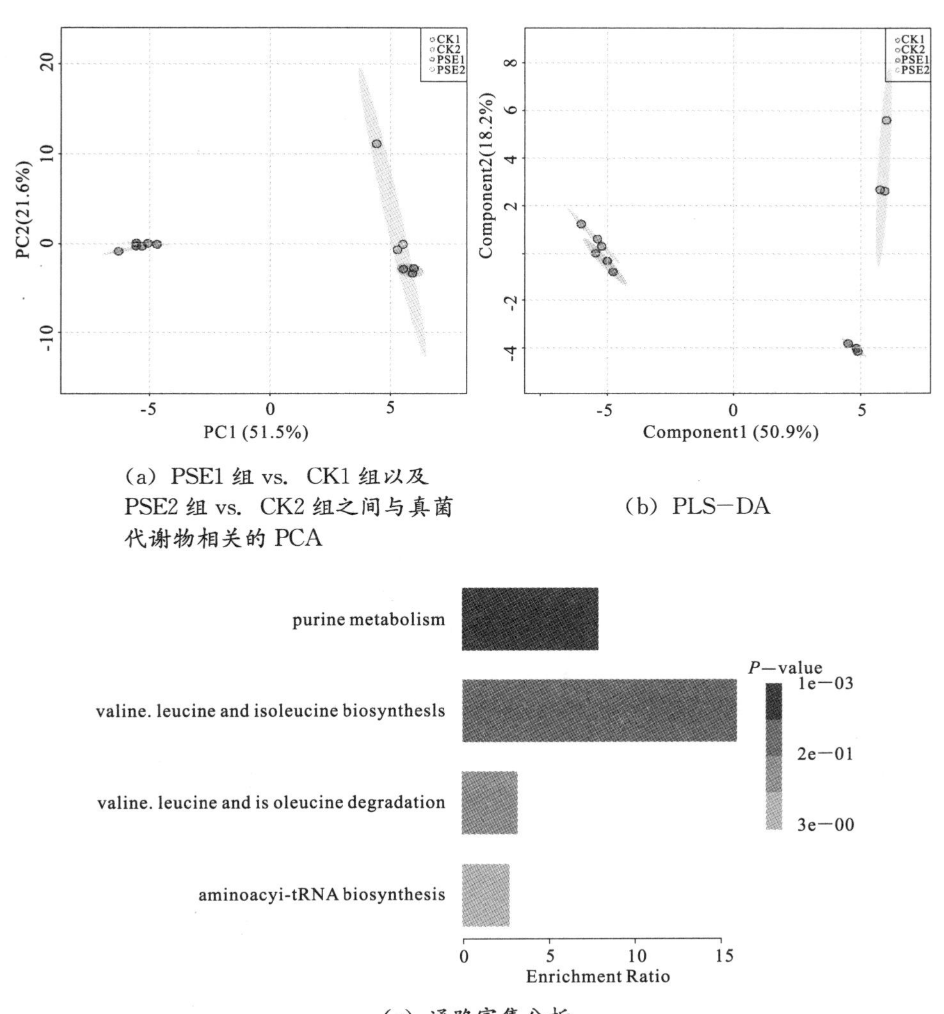

（a）PSE1 组 vs. CK1 组以及 PSE2 组 vs. CK2 组之间与真菌代谢物相关的 PCA

（b）PLS－DA

（c）通路富集分析

图 11.5　主成分分析（PCA）、**多元变量统计分析**（PLS－DA）**和通路富集分析**

此外，由表 11.3 可以看出，基于 PSE1 组 vs. CK1 组和 PSE2 组 vs. CK2 组共同影响的差异代谢物有 10 个，分别为鸟苷（guanosine）、色氨酸（tryptophan）、壬二酸（azelaic acid）、水杨酸（salicylic acid）、皮质脂肪酸 F（corchorifatty acid F）、9，10－

二羟基－十八碳一烯酸（9,10－DHOME)、L－异亮氨酸（L－isoleucine)、鸟嘌呤(guanine)、腺苷（adenosine）和吲哚丙烯酸（indoleacrylic acid)，且它们均能被 PSE 显著上调。

被 PSE 显著上调的 10 个差异代谢物富集到了 4 个代谢通路，如图 11.5（c）所示。PSE 影响的 4 个代谢通路，分别为嘌呤代谢（purine metabolism)，缬氨酸、亮氨酸和异亮氨酸的生物合成（valine，leucine and isoleucine biosynthesis)，缬氨酸、亮氨酸和异亮氨酸降解（valine，leucine and isoleucine degradation)，氨酰－tRNA 生物合成(aminoacyl－tRNA biosynthesis)。

表 11.3 PSE 影响的差异代谢物

No.	Rt (min)	Differential metabolites	Formula	Adducts[a]	FC[b]		P−values[c]		Score[d]
					PSE1 vs. CK1	PSE2 vs. CK2	PSE1 vs. CK1	PSE2 vs. CK2	
1[△]	0.665	guanosine	$C_{10}H_{13}N_5O_5$	[M−H]	4.09	2.61	1.89×10^{-3}	4.67×10^{-3}	77.3
2	3.203	tryptophan	$C_{11}H_{12}N_2O_2$	[M−H]	17.40	17.68	3.73×10^{-3}	1.66×10^{-2}	90.5
3	6.731	azelaic acid	$C_9H_{16}O_4$	[M−H]	164.75	152.14	1.34×10^{-8}	1.69×10^{-8}	94.7
4	6.890	salicylic acid	$C_7H_6O_3$	[M−H]	8.84	15.48	1.53×10^{-4}	4.47×10^{-5}	87.4
5	8.967	corchorifatty acid F	$C_{18}H_{32}O_5$	[M−H]	3.04	582.40	1.55×10^{-3}	2.33×10^{-8}	98.2
6	13.334	9,10−DHOME	$C_{18}H_{34}O_4$	[M−H]	566.25	49.48	1.19×10^{-3}	4.52×10^{-3}	87.3
7[△]	0.781	*L*−isoleucine	$C_6H_{13}NO_2$	[M+H]	5.90	1.86	3.23×10^{-4}	1.43×10^{-2}	99.6
8[△]	1.021	guanine	$C_5H_5N_5O$	[M+H]	67.19	17.85	2.93×10^{-4}	8.73×10^{-4}	98.6
9[△]	1.080	adenosine	$C_{10}H_{13}N_5O_4$	[M+H]	4.98	2.66	1.27×10^{-4}	5.40×10^{-3}	99.6
10	3.180	indoleacrylic acid	$C_{11}H_9NO_2$	[M+H]	8.81	6.17	1.80×10^{-2}	1.00×10^{-2}	92.8

注：①[a]化合物分别在 UHPLC−MS/MS 仪器中正离子模式（即［M+H］）和负离子模式下（即［M−H］）检测和定性。

②[b]基于 PSE1 组 vs. CK1 组和 PSE2 组 vs. CK2 组比较结果，当 FC 值>1.10 时，表示该化合物上调。

③[c]Student's t−test 检验统计方法设置，当 P 值<0.05 时，表示具有统计学意义的显著差异。

④[d]化合物通过其在 UHPLC−MS/MS 检测到的一级和二级质谱图与 mzCloud 数据库（https://www.mzcloud.org）中标准品的一级和二级信息匹配而被初步鉴定的分值。分值越高，匹配度越高，说明其定性结果可能性越大。

⑤[△]化合物为与富集分析代谢通路相关的差异代谢物，如图 11.5（c）和图 11.6 所示。

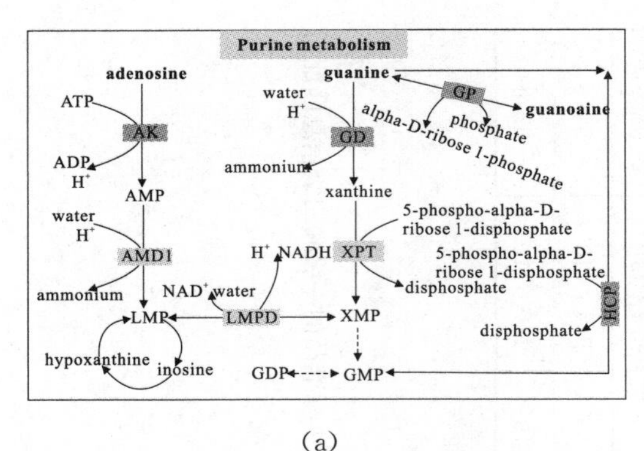

(a)

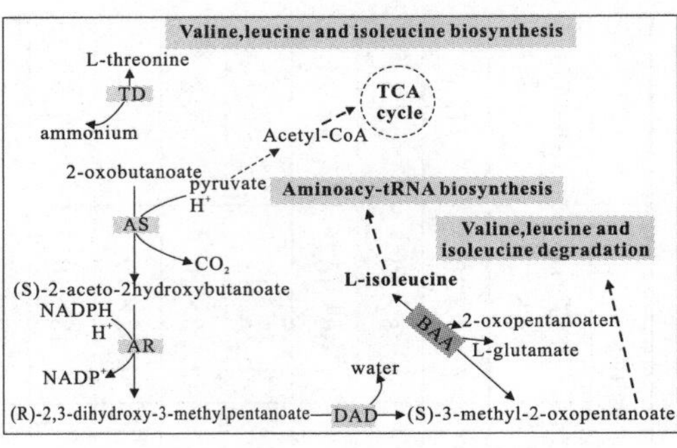

(b)

图 11.6　PSE 影响的差异代谢物与其富集的代谢通路之间的代谢图

由表 11.4 和图 11.6 可知，嘌呤代谢通路与鸟苷（guanosine）、鸟嘌呤（guanine）和腺苷（adenosine）3 个差异代谢物显著上调紧密相关，而其他 3 个通路（缬氨酸、亮氨酸和异亮氨酸的生物合成，缬氨酸、亮氨酸和异亮氨酸降解以及氨酰−tRNA 生物合成）则与差异代谢物 L−异亮氨酸显著上调紧密相关。结果显示，PSE 一方面通过干扰禾谷镰刀菌的嘌呤代谢进而导致其核酸 DNA 和 RNA 生物合成障碍；另一方面干扰氨基酸代谢进而影响其蛋白质生物合成，最终抑制禾谷镰刀菌的生长，发挥其抗真菌活性。

表 11.4　PSE 影响的差异代谢物的代谢通路富集分析

Differential metabolites	*FC*[a]		*P*−values[b]		Metabolic pathways
	PSE1 vs. CK1	PSE2 vs. CK2	PSE1 vs. CK1	PSE2 vs. CK2	
guanosine	4.09	2.61	1.89×10^{-3}	4.67×10^{-3}	purine metabolism
guanine	67.19	17.85	2.93×10^{-4}	8.73×10^{-4}	purine metabolism
adenosine	4.98	2.66	1.27×10^{-4}	5.40×10^{-3}	purine metabolism
L−isoleucine	5.90	1.86	3.23×10^{-4}	1.43×10^{-2}	valine，leucine and isoleucine biosynthesis；valine，leucine and isoleucine degradation；aminoacyl−tRNA biosynthesis

注：①[a]基于 PSE1 组 vs. CK1 组和 PSE2 组 vs. CK2 组比较结果，当 *FC* 值>1.10 时，表示该化合物上调。

②[b]Student's *t*−test 检验统计方法设置，当 *P* 值<0.05 时，表示具有统计学意义的显著差异。

12 植物提取物在畜禽养殖业中的应用前景

现在，全球已纷纷进入“后抗生素时代”，研究开发植物提取物（中草药制剂）、微生态制剂、酶制剂、抗菌肽等新型替代抗生素类饲料添加剂，发展无抗养殖、绿色生态健康农业成为一种必然趋势。湖南农业大学中兽药与饲用植物创新团队的曾建国教授于2015年提出了“整肠、抗炎、促生长”共性的饲用替抗技术路线，即调控肠道菌群和维护肠黏膜形态结构的完整性、有效保障动物肠道健康、防止和缓解炎症反应、改善营养消化及吸收状况、有效保障动物生长性能，达到动物“促生长”目标是替抗型饲料添加剂开发与应用的基本思路。从产品应用角度而言，植物提取物是指以植物为原料，按照对最终产品用途的需要，经过提取分离过程定向获取和浓集植物中的某一种或多种成分，一般不改变植物原有成分结构特征形成的产品。从植物化学角度而言，植物提取物是指植物的生物学因素或非生物学因素所形成的初生和次生代谢产物，其中次生代谢产物是其有效成分和发挥药效作用的物质基础，同时也是发现新药的重要来源。中医著作《黄帝内经》中写道：“上工治未病，不治已病，此之谓也。”“治未病”即采取相应的措施，防止疾病的发生、发展。由于植物提取物富含黄酮类、酰胺类、多糖类等多种活性成分，具有抑菌、抗氧化、抗炎等“治未病”作用，同时具有安全性高、不易产生耐药性、生产成本低、残留少、副作用小和环境污染小等优点。因此，植物提取物类饲料添加剂已成为当今主要饲用抗生素替代品之一。本章基于“植物天然活性成分有效性—药效基础—质量控制药效成分的稳定性与安全性”思维，对植物提取物产品在畜禽养殖业中的研发流程和展望做简要概述。

12.1 研发流程

12.1.1 植物来源

我国地大物博、植物资源丰富，但选取的可饲用植物资源应避免“人畜争粮”“人畜争药”等现象，遵循“安全、有效、可控、低成本化、高效益”的原则，加强对植物改良品种的开发，提高植物栽培种植与初加工技术，尽量保证植物样本来源的有效性、安全性和稳定性。

12.1.2 植物功能成分挖掘

近年来，随着多组学平台技术（主要为 LC－MS、GC－MS 和 NMR 等）的迅猛发展，使人们对植物复杂体系成分组成的了解变得更加透彻与全面，突破了制约植物提取物应用推广的瓶颈，为植物提取物在畜禽养殖业中的应用与健康发展提供了科学技术支撑。植物功能成分（有效组分）指的是植物的次生代谢产物，可以是具有一定药理活性（如抑菌、抗炎、抗氧化等）的多个化合物混合体，也可以是某个单一化合物。植物功能成分按结构类型分类，主要分为生物碱类、酚类、萜类、挥发油类、甾体等化合物。我们可根据植物提取物产品的研发方向，以动物机体表型与作用靶点相结合，采用特征指纹图谱法等技术与药理活性相关联的技术，对植物功能成分进行筛选与挖掘，认识其理化性质，确定其药效基础。

12.1.3 植物提取物产品工艺研究与质量控制

植物提取物产品工艺包括粉碎、提取、分离、纯化、浓缩、干燥及剂型制备等环节，同时需要实施小试—中试—大生产全工业过程，是保证植物提取物产品质量的关键因素。产品质量控制主要是针对植物功能成分的理化性质，检测方法包括 LC、GC、LC－MS、GC－MS、分光光度法等。在工艺实现与质量控制的可行性基础上，兼顾考虑成本最小化、资源利用率最大化、环境保护问题等因素，最大化保证植物功能成分的有效性和稳定性是植物提取物产品工艺研究与质量控制的主体思路。

12.1.4 植物提取物产品安全性评价

按照我国新饲料添加剂审定申报材料的要求，产品安全性评价通常包括靶动物耐受性评价报告、毒理学安全评价报告、代谢和残留评价报告、菌株安全性评价报告和对人体健康造成影响的分析报告等。具体要求如下：

（1）应提供由农业农村部指定的评价试验机构出具的报告，评价试验应按照农业农村部发布的技术指南或依照国家、行业标准进行；

（2）农业农村部暂未发布指南或暂无国家、行业标准的，可以参照世界卫生组织（WHO）、国际食品法典委员会（CAC）、经济合作与发展组织（OECD）等国际组织发布的技术规范或指南进行；

（3）安全性评价报告的出具单位不得是申报产品的研制单位、生产企业，或与研制单位、生产企业存在利害关系；

（4）应根据有效性和安全性评价试验结果以及相关产品信息，参照风险评估的方法就饲料添加剂对人体健康可能造成的影响进行评估分析，并形成报告。

12.2 展望

在全球“饲用禁抗”及“养殖限抗”的环境下，植物提取物类饲料添加剂等产品研发是关乎畜牧业发展和国民健康的重要内容之一。在现代科技飞速发展、人们健康意识和生活水平不断提高的今天，随着药理学、药物化学、药物代谢动力学、分子生物学等理论和色谱-质谱仪、蛋白组学、代谢组学等多组学技术研究手段的不断创新和成熟，人们对饲用植物发挥功效的药效物质基础、作用机制等方面的认识变得越来越深入，这将为植物提取物的应用发展提供科学的理论依据，并推动植物提取物的应用研究在畜禽养殖业领域中蓬勃发展。

附录一　饲料和饲料添加剂管理条例

中华人民共和国国务院令

第 609 号

《饲料和饲料添加剂管理条例》已经 2011 年 10 月 26 日国务院第 177 次常务会议修订通过，现将修订后的《饲料和饲料添加剂管理条例》公布，自 2012 年 5 月 1 日起施行。

总理　温家宝

二〇一一年十一月三日

饲料和饲料添加剂管理条例

（1999年5月29日中华人民共和国国务院令第266号发布，根据2001年11月29日《国务院关于修改〈饲料和饲料添加剂管理条例〉的决定》修订，2011年10月26日国务院第177次常务会议修订通过）

第一章 总 则

第一条 为了加强对饲料、饲料添加剂的管理，提高饲料、饲料添加剂的质量，保障动物产品质量安全，维护公众健康，制定本条例。

第二条 本条例所称饲料，是指经工业化加工、制作的供动物食用的产品，包括单一饲料、添加剂预混合饲料、浓缩饲料、配合饲料和精料补充料。

本条例所称饲料添加剂，是指在饲料加工、制作、使用过程中添加的少量或者微量物质，包括营养性饲料添加剂和一般饲料添加剂。

饲料原料目录和饲料添加剂品种目录由国务院农业行政主管部门制定并公布。

第三条 国务院农业行政主管部门负责全国饲料、饲料添加剂的监督管理工作。

县级以上地方人民政府负责饲料、饲料添加剂管理的部门（以下简称饲料管理部门），负责本行政区域饲料、饲料添加剂的监督管理工作。

第四条 县级以上地方人民政府统一领导本行政区域饲料、饲料添加剂的监督管理工作，建立健全监督管理机制，保障监督管理工作的开展。

第五条 饲料、饲料添加剂生产企业、经营者应当建立健全质量安全制度，对其生产、经营的饲料、饲料添加剂的质量安全负责。

第六条 任何组织或者个人有权举报在饲料、饲料添加剂生产、经营、使用过程中违反本条例的行为，有权对饲料、饲料添加剂监督管理工作提出意见和建议。

第二章　审定和登记

第七条　国家鼓励研制新饲料、新饲料添加剂。

研制新饲料、新饲料添加剂，应当遵循科学、安全、有效、环保的原则，保证新饲料、新饲料添加剂的质量安全。

第八条　研制的新饲料、新饲料添加剂投入生产前，研制者或者生产企业应当向国务院农业行政主管部门提出审定申请，并提供该新饲料、新饲料添加剂的样品和下列资料：

（一）名称、主要成分、理化性质、研制方法、生产工艺、质量标准、检测方法、检验报告、稳定性试验报告、环境影响报告和污染防治措施；

（二）国务院农业行政主管部门指定的试验机构出具的该新饲料、新饲料添加剂的饲喂效果、残留消解动态以及毒理学安全性评价报告。

申请新饲料添加剂审定的，还应当说明该新饲料添加剂的添加目的、使用方法，并提供该饲料添加剂残留可能对人体健康造成影响的分析评价报告。

第九条　国务院农业行政主管部门应当自受理申请之日起5个工作日内，将新饲料、新饲料添加剂的样品和申请资料交全国饲料评审委员会，对该新饲料、新饲料添加剂的安全性、有效性及其对环境的影响进行评审。

全国饲料评审委员会由养殖、饲料加工、动物营养、毒理、药理、代谢、卫生、化工合成、生物技术、质量标准、环境保护、食品安全风险评估等方面的专家组成。全国饲料评审委员会对新饲料、新饲料添加剂的评审采取评审会议的形式，评审会议应当有9名以上全国饲料评审委员会专家参加，根据需要也可以邀请1至2名全国饲料评审委员会专家以外的专家参加，参加评审的专家对评审事项具有表决权。评审会议应当形成评审意见和会议纪要，并由参加评审的专家审核签字；有不同意见的，应当注明。参加评审的专家应当依法公平、公正履行职责，对评审资料保密，存在回避事由的，应当主动回避。

全国饲料评审委员会应当自收到新饲料、新饲料添加剂的样品和申请资料之日起9个月内出具评审结果并提交国务院农业行政主管部门；但是，全国饲料评审委员会决定由申请人进行相关试验的，经国务院农业行政主管部门同意，评审时间可以延长3个月。

国务院农业行政主管部门应当自收到评审结果之日起10个工作日内作出是否核发新饲料、新饲料添加剂证书的决定；决定不予核发的，应当书面通知申请人并说明理由。

第十条　国务院农业行政主管部门核发新饲料、新饲料添加剂证书，应当同时按照职责权限公布该新饲料、新饲料添加剂的产品质量标准。

第十一条　新饲料、新饲料添加剂的监测期为5年。新饲料、新饲料添加剂处于监测期的，不受理其他就该新饲料、新饲料添加剂的生产申请和进口登记申请，但超过3

年不投入生产的除外。

生产企业应当收集处于监测期的新饲料、新饲料添加剂的质量稳定性及其对动物产品质量安全的影响等信息，并向国务院农业行政主管部门报告；国务院农业行政主管部门应当对新饲料、新饲料添加剂的质量安全状况组织跟踪监测，证实其存在安全问题的，应当撤销新饲料、新饲料添加剂证书并予以公告。

第十二条　向中国出口中国境内尚未使用但出口国已经批准生产和使用的饲料、饲料添加剂的，应当委托中国境内代理机构向国务院农业行政主管部门申请登记，并提供该饲料、饲料添加剂的样品和下列资料：

（一）商标、标签和推广应用情况；

（二）生产地批准生产、使用的证明和生产地以外其他国家、地区的登记资料；

（三）主要成分、理化性质、研制方法、生产工艺、质量标准、检测方法、检验报告、稳定性试验报告、环境影响报告和污染防治措施；

（四）国务院农业行政主管部门指定的试验机构出具的该饲料、饲料添加剂的饲喂效果、残留消解动态以及毒理学安全性评价报告。

申请饲料添加剂进口登记的，还应当说明该饲料添加剂的添加目的、使用方法，并提供该饲料添加剂残留可能对人体健康造成影响的分析评价报告。

国务院农业行政主管部门应当依照本条例第九条规定的新饲料、新饲料添加剂的评审程序组织评审，并决定是否核发饲料、饲料添加剂进口登记证。

首次向中国出口中国境内已经使用且出口国已经批准生产和使用的饲料、饲料添加剂的，应当依照本条第一款、第二款的规定申请登记。国务院农业行政主管部门应当自受理申请之日起 10 个工作日内对申请资料进行审查；审查合格的，将样品交由指定的机构进行复核检测；复核检测合格的，国务院农业行政主管部门应当在 10 个工作日内核发饲料、饲料添加剂进口登记证。

饲料、饲料添加剂进口登记证有效期为 5 年。进口登记证有效期满需要继续向中国出口饲料、饲料添加剂的，应当在有效期届满 6 个月前申请续展。

禁止进口未取得饲料、饲料添加剂进口登记证的饲料、饲料添加剂。

第十三条　国家对已经取得新饲料、新饲料添加剂证书或者饲料、饲料添加剂进口登记证的、含有新化合物的饲料、饲料添加剂的申请人提交的其自己所取得且未披露的试验数据和其他数据实施保护。

自核发证书之日起 6 年内，对其他申请人未经已取得新饲料、新饲料添加剂证书或者饲料、饲料添加剂进口登记证的申请人同意，使用前款规定的数据申请新饲料、新饲料添加剂审定或者饲料、饲料添加剂进口登记的，国务院农业行政主管部门不予审定或者登记；但是，其他申请人提交其自己所取得的数据的除外。

除下列情形外，国务院农业行政主管部门不得披露本条第一款规定的数据：

（一）公共利益需要；

（二）已采取措施确保该类信息不会被不正当地进行商业使用。

第三章　生产、经营和使用

第十四条　设立饲料、饲料添加剂生产企业，应当符合饲料工业发展规划和产业政策，并具备下列条件：

（一）有与生产饲料、饲料添加剂相适应的厂房、设备和仓储设施；

（二）有与生产饲料、饲料添加剂相适应的专职技术人员；

（三）有必要的产品质量检验机构、人员、设施和质量管理制度；

（四）有符合国家规定的安全、卫生要求的生产环境；

（五）有符合国家环境保护要求的污染防治措施；

（六）国务院农业行政主管部门制定的饲料、饲料添加剂质量安全管理规范规定的其他条件。

第十五条　申请设立饲料添加剂、添加剂预混合饲料生产企业，申请人应当向省、自治区、直辖市人民政府饲料管理部门提出申请。省、自治区、直辖市人民政府饲料管理部门应当自受理申请之日起 20 个工作日内进行书面审查和现场审核，并将相关资料和审查、审核意见上报国务院农业行政主管部门。国务院农业行政主管部门收到资料和审查、审核意见后应当组织评审，根据评审结果在 10 个工作日内作出是否核发生产许可证的决定，并将决定抄送省、自治区、直辖市人民政府饲料管理部门。

申请设立其他饲料生产企业，申请人应当向省、自治区、直辖市人民政府饲料管理部门提出申请。省、自治区、直辖市人民政府饲料管理部门应当自受理申请之日起 10 个工作日内进行书面审查；审查合格的，组织进行现场审核，并根据审核结果在 10 个工作日内作出是否核发生产许可证的决定。

申请人凭生产许可证办理工商登记手续。

生产许可证有效期为 5 年。生产许可证有效期满需要继续生产饲料、饲料添加剂的，应当在有效期届满 6 个月前申请续展。

第十六条　饲料添加剂、添加剂预混合饲料生产企业取得国务院农业行政主管部门核发的生产许可证后，由省、自治区、直辖市人民政府饲料管理部门按照国务院农业行政主管部门的规定，核发相应的产品批准文号。

第十七条　饲料、饲料添加剂生产企业应当按照国务院农业行政主管部门的规定和有关标准，对采购的饲料原料、单一饲料、饲料添加剂、药物饲料添加剂、添加剂预混合饲料和用于饲料添加剂生产的原料进行查验或者检验。

饲料生产企业使用限制使用的饲料原料、单一饲料、饲料添加剂、药物饲料添加剂、添加剂预混合饲料生产饲料的，应当遵守国务院农业行政主管部门的限制性规定。禁止使用国务院农业行政主管部门公布的饲料原料目录、饲料添加剂品种目录和药物饲料添加剂品种目录以外的任何物质生产饲料。

饲料、饲料添加剂生产企业应当如实记录采购的饲料原料、单一饲料、饲料添加剂、药物饲料添加剂、添加剂预混合饲料和用于饲料添加剂生产的原料的名称、产地、数量、保质期、许可证明文件编号、质量检验信息、生产企业名称或者供货者名称及其联系方式、进货日期等。记录保存期限不得少于2年。

第十八条　饲料、饲料添加剂生产企业，应当按照产品质量标准以及国务院农业行政主管部门制定的饲料、饲料添加剂质量安全管理规范和饲料添加剂安全使用规范组织生产，对生产过程实施有效控制并实行生产记录和产品留样观察制度。

第十九条　饲料、饲料添加剂生产企业应当对生产的饲料、饲料添加剂进行产品质量检验；检验合格的，应当附具产品质量检验合格证。未经产品质量检验、检验不合格或者未附具产品质量检验合格证的，不得出厂销售。

饲料、饲料添加剂生产企业应当如实记录出厂销售的饲料、饲料添加剂的名称、数量、生产日期、生产批次、质量检验信息、购货者名称及其联系方式、销售日期等。记录保存期限不得少于2年。

第二十条　出厂销售的饲料、饲料添加剂应当包装，包装应当符合国家有关安全、卫生的规定。

饲料生产企业直接销售给养殖者的饲料可以使用罐装车运输。罐装车应当符合国家有关安全、卫生的规定，并随罐装车附具符合本条例第二十一条规定的标签。

易燃或者其他特殊的饲料、饲料添加剂的包装应当有警示标志或者说明，并注明储运注意事项。

第二十一条　饲料、饲料添加剂的包装上应当附具标签。标签应当以中文或者适用符号标明产品名称、原料组成、产品成分分析保证值、净重或者净含量、贮存条件、使用说明、注意事项、生产日期、保质期、生产企业名称以及地址、许可证明文件编号和产品质量标准等。加入药物饲料添加剂的，还应当标明“加入药物饲料添加剂”字样，并标明其通用名称、含量和休药期。乳和乳制品以外的动物源性饲料，还应当标明“本产品不得饲喂反刍动物”字样。

第二十二条　饲料、饲料添加剂经营者应当符合下列条件：

（一）有与经营饲料、饲料添加剂相适应的经营场所和仓储设施；

（二）有具备饲料、饲料添加剂使用、贮存等知识的技术人员；

（三）有必要的产品质量管理和安全管理制度。

第二十三条　饲料、饲料添加剂经营者进货时应当查验产品标签、产品质量检验合格证和相应的许可证明文件。

饲料、饲料添加剂经营者不得对饲料、饲料添加剂进行拆包、分装，不得对饲料、饲料添加剂进行再加工或者添加任何物质。

禁止经营用国务院农业行政主管部门公布的饲料原料目录、饲料添加剂品种目录和药物饲料添加剂品种目录以外的任何物质生产的饲料。

饲料、饲料添加剂经营者应当建立产品购销台账，如实记录购销产品的名称、许可证明文件编号、规格、数量、保质期、生产企业名称或者供货者名称及其联系方式、购销时间等。购销台账保存期限不得少于2年。

第二十四条　向中国出口的饲料、饲料添加剂应当包装，包装应当符合中国有关安全、卫生的规定，并附具符合本条例第二十一条规定的标签。

向中国出口的饲料、饲料添加剂应当符合中国有关检验检疫的要求，由出入境检验检疫机构依法实施检验检疫，并对其包装和标签进行核查。包装和标签不符合要求的，不得入境。

境外企业不得直接在中国销售饲料、饲料添加剂。境外企业在中国销售饲料、饲料添加剂的，应当依法在中国境内设立销售机构或者委托符合条件的中国境内代理机构销售。

第二十五条 养殖者应当按照产品使用说明和注意事项使用饲料。在饲料或者动物饮用水中添加饲料添加剂的，应当符合饲料添加剂使用说明和注意事项的要求，遵守国务院农业行政主管部门制定的饲料添加剂安全使用规范。

养殖者使用自行配制的饲料的，应当遵守国务院农业行政主管部门制定的自行配制饲料使用规范，并不得对外提供自行配制的饲料。

使用限制使用的物质养殖动物的，应当遵守国务院农业行政主管部门的限制性规定。禁止在饲料、动物饮用水中添加国务院农业行政主管部门公布禁用的物质以及对人体具有直接或者潜在危害的其他物质，或者直接使用上述物质养殖动物。禁止在反刍动物饲料中添加乳和乳制品以外的动物源性成分。

第二十六条 国务院农业行政主管部门和县级以上地方人民政府饲料管理部门应当加强饲料、饲料添加剂质量安全知识的宣传，提高养殖者的质量安全意识，指导养殖者安全、合理使用饲料、饲料添加剂。

第二十七条 饲料、饲料添加剂在使用过程中被证实对养殖动物、人体健康或者环境有害的，由国务院农业行政主管部门决定禁用并予以公布。

第二十八条 饲料、饲料添加剂生产企业发现其生产的饲料、饲料添加剂对养殖动物、人体健康有害或者存在其他安全隐患的，应当立即停止生产，通知经营者、使用者，向饲料管理部门报告，主动召回产品，并记录召回和通知情况。召回的产品应当在饲料管理部门监督下予以无害化处理或者销毁。

饲料、饲料添加剂经营者发现其销售的饲料、饲料添加剂具有前款规定情形的，应当立即停止销售，通知生产企业、供货者和使用者，向饲料管理部门报告，并记录通知情况。

养殖者发现其使用的饲料、饲料添加剂具有本条第一款规定情形的，应当立即停止使用，通知供货者，并向饲料管理部门报告。

第二十九条 禁止生产、经营、使用未取得新饲料、新饲料添加剂证书的新饲料、新饲料添加剂以及禁用的饲料、饲料添加剂。

禁止经营、使用无产品标签、无生产许可证、无产品质量标准、无产品质量检验合格证的饲料、饲料添加剂。禁止经营、使用无产品批准文号的饲料添加剂、添加剂预混合饲料。禁止经营、使用未取得饲料、饲料添加剂进口登记证的进口饲料、进口饲料添加剂。

第三十条 禁止对饲料、饲料添加剂作具有预防或者治疗动物疾病作用的说明或者宣传。但是，饲料中添加药物饲料添加剂的，可以对所添加的药物饲料添加剂的作用加以说明。

第三十一条　国务院农业行政主管部门和省、自治区、直辖市人民政府饲料管理部门应当按照职责权限对全国或者本行政区域饲料、饲料添加剂的质量安全状况进行监测，并根据监测情况发布饲料、饲料添加剂质量安全预警信息。

第三十二条　国务院农业行政主管部门和县级以上地方人民政府饲料管理部门，应当根据需要定期或者不定期组织实施饲料、饲料添加剂监督抽查；饲料、饲料添加剂监督抽查检测工作由国务院农业行政主管部门或者省、自治区、直辖市人民政府饲料管理部门指定的具有相应技术条件的机构承担。饲料、饲料添加剂监督抽查不得收费。

国务院农业行政主管部门和省、自治区、直辖市人民政府饲料管理部门应当按照职责权限公布监督抽查结果，并可以公布具有不良记录的饲料、饲料添加剂生产企业、经营者名单。

第三十三条　县级以上地方人民政府饲料管理部门应当建立饲料、饲料添加剂监督管理档案，记录日常监督检查、违法行为查处等情况。

第三十四条　国务院农业行政主管部门和县级以上地方人民政府饲料管理部门在监督检查中可以采取下列措施：

（一）对饲料、饲料添加剂生产、经营、使用场所实施现场检查；

（二）查阅、复制有关合同、票据、账簿和其他相关资料；

（三）查封、扣押有证据证明用于违法生产饲料的饲料原料、单一饲料、饲料添加剂、药物饲料添加剂、添加剂预混合饲料，用于违法生产饲料添加剂的原料，用于违法生产饲料、饲料添加剂的工具、设施，违法生产、经营、使用的饲料、饲料添加剂；

（四）查封违法生产、经营饲料、饲料添加剂的场所。

第四章　法律责任

第三十五条　国务院农业行政主管部门、县级以上地方人民政府饲料管理部门或者其他依照本条例规定行使监督管理权的部门及其工作人员，不履行本条例规定的职责或者滥用职权、玩忽职守、徇私舞弊的，对直接负责的主管人员和其他直接责任人员，依法给予处分；直接负责的主管人员和其他直接责任人员构成犯罪的，依法追究刑事责任。

第三十六条　提供虚假的资料、样品或者采取其他欺骗方式取得许可证明文件的，由发证机关撤销相关许可证明文件，处5万元以上10万元以下罚款，申请人3年内不得就同一事项申请行政许可。以欺骗方式取得许可证明文件给他人造成损失的，依法承担赔偿责任。

第三十七条　假冒、伪造或者买卖许可证明文件的，由国务院农业行政主管部门或者县级以上地方人民政府饲料管理部门按照职责权限收缴或者吊销、撤销相关许可证明文件；构成犯罪的，依法追究刑事责任。

第三十八条　未取得生产许可证生产饲料、饲料添加剂的，由县级以上地方人民政府饲料管理部门责令停止生产，没收违法所得、违法生产的产品和用于违法生产饲料的饲料原料、单一饲料、饲料添加剂、药物饲料添加剂、添加剂预混合饲料以及用于违法生产饲料添加剂的原料，违法生产的产品货值金额不足1万元的，并处1万元以上5万元以下罚款，货值金额1万元以上的，并处货值金额5倍以上10倍以下罚款；情节严重的，没收其生产设备，生产企业的主要负责人和直接负责的主管人员10年内不得从事饲料、饲料添加剂生产、经营活动。

已经取得生产许可证，但不再具备本条例第十四条规定的条件而继续生产饲料、饲料添加剂的，由县级以上地方人民政府饲料管理部门责令停止生产、限期改正，并处1万元以上5万元以下罚款；逾期不改正的，由发证机关吊销生产许可证。

已经取得生产许可证，但未取得产品批准文号而生产饲料添加剂、添加剂预混合饲料的，由县级以上地方人民政府饲料管理部门责令停止生产，没收违法所得、违法生产的产品和用于违法生产饲料的饲料原料、单一饲料、饲料添加剂、药物饲料添加剂以及用于违法生产饲料添加剂的原料，限期补办产品批准文号，并处违法生产的产品货值金额1倍以上3倍以下罚款；情节严重的，由发证机关吊销生产许可证。

第三十九条 饲料、饲料添加剂生产企业有下列行为之一的，由县级以上地方人民政府饲料管理部门责令改正，没收违法所得、违法生产的产品和用于违法生产饲料的饲料原料、单一饲料、饲料添加剂、药物饲料添加剂、添加剂预混合饲料以及用于违法生产饲料添加剂的原料，违法生产的产品货值金额不足1万元的，并处1万元以上5万元以下罚款，货值金额1万元以上的，并处货值金额5倍以上10倍以下罚款；情节严重的，由发证机关吊销、撤销相关许可证明文件，生产企业的主要负责人和直接负责的主管人员10年内不得从事饲料、饲料添加剂生产、经营活动；构成犯罪的，依法追究刑事责任：

（一）使用限制使用的饲料原料、单一饲料、饲料添加剂、药物饲料添加剂、添加剂预混合饲料生产饲料，不遵守国务院农业行政主管部门的限制性规定的；

（二）使用国务院农业行政主管部门公布的饲料原料目录、饲料添加剂品种目录和药物饲料添加剂品种目录以外的物质生产饲料的；

（三）生产未取得新饲料、新饲料添加剂证书的新饲料、新饲料添加剂或者禁用的饲料、饲料添加剂的。

第四十条 饲料、饲料添加剂生产企业有下列行为之一的，由县级以上地方人民政府饲料管理部门责令改正，处1万元以上2万元以下罚款；拒不改正的，没收违法所得、违法生产的产品和用于违法生产饲料的饲料原料、单一饲料、饲料添加剂、药物饲料添加剂、添加剂预混合饲料以及用于违法生产饲料添加剂的原料，并处5万元以上10万元以下罚款；情节严重的，责令停止生产，可以由发证机关吊销、撤销相关许可证明文件：

（一）不按照国务院农业行政主管部门的规定和有关标准对采购的饲料原料、单一饲料、饲料添加剂、药物饲料添加剂、添加剂预混合饲料和用于饲料添加剂生产的原料进行查验或者检验的；

（二）饲料、饲料添加剂生产过程中不遵守国务院农业行政主管部门制定的饲料、饲料添加剂质量安全管理规范和饲料添加剂安全使用规范的；

（三）生产的饲料、饲料添加剂未经产品质量检验的。

第四十一条 饲料、饲料添加剂生产企业不依照本条例规定实行采购、生产、销售记录制度或者产品留样观察制度的，由县级以上地方人民政府饲料管理部门责令改正，处1万元以上2万元以下罚款；拒不改正的，没收违法所得、违法生产的产品和用于违法生产饲料的饲料原料、单一饲料、饲料添加剂、药物饲料添加剂、添加剂预混合饲料以及用于违法生产饲料添加剂的原料，处2万元以上5万元以下罚款，并可以由发证机关吊销、撤销相关许可证明文件。

饲料、饲料添加剂生产企业销售的饲料、饲料添加剂未附具产品质量检验合格证或者包装、标签不符合规定的，由县级以上地方人民政府饲料管理部门责令改正；情节严重的，没收违法所得和违法销售的产品，可以处违法销售的产品货值金额30%以下罚款。

第四十二条 不符合本条例第二十二条规定的条件经营饲料、饲料添加剂的，由县级人民政府饲料管理部门责令限期改正；逾期不改正的，没收违法所得和违法经营的产品，违法经营的产品货值金额不足1万元的，并处2000元以上2万元以下罚款，货值金额1万元以上的，并处货值金额2倍以上5倍以下罚款；情节严重的，责令停止经营，并通知工商行政管理部门，由工商行政管理部门吊销营业执照。

第四十三条 饲料、饲料添加剂经营者有下列行为之一的，由县级人民政府饲料管理部门责令改正，没收违法所得和违法经营的产品，违法经营的产品货值金额不足1万元的，并处2000元以上2万元以下罚款，货值金额1万元以上的，并处货值金额2倍以上5倍以下罚款；情节严重的，责令停止经营，并通知工商行政管理部门，由工商行政管理部门吊销营业执照；构成犯罪的，依法追究刑事责任：

（一）对饲料、饲料添加剂进行再加工或者添加物质的；

（二）经营无产品标签、无生产许可证、无产品质量检验合格证的饲料、饲料添加剂的；

（三）经营无产品批准文号的饲料添加剂、添加剂预混合饲料的；

（四）经营用国务院农业行政主管部门公布的饲料原料目录、饲料添加剂品种目录和药物饲料添加剂品种目录以外的物质生产的饲料的；

（五）经营未取得新饲料、新饲料添加剂证书的新饲料、新饲料添加剂或者未取得饲料、饲料添加剂进口登记证的进口饲料、进口饲料添加剂以及禁用的饲料、饲料添加剂的。

第四十四条 饲料、饲料添加剂经营者有下列行为之一的，由县级人民政府饲料管理部门责令改正，没收违法所得和违法经营的产品，并处2000元以上1万元以下罚款：

（一）对饲料、饲料添加剂进行拆包、分装的；

（二）不依照本条例规定实行产品购销台账制度的；

（三）经营的饲料、饲料添加剂失效、霉变或者超过保质期的。

第四十五条 对本条例第二十八条规定的饲料、饲料添加剂，生产企业不主动召回的，由县级以上地方人民政府饲料管理部门责令召回，并监督生产企业对召回的产品予以无害化处理或者销毁；情节严重的，没收违法所得，并处应召回的产品货值金额1倍以上3倍以下罚款，可以由发证机关吊销、撤销相关许可证明文件；生产企业对召回的产品不予以无害化处理或者销毁的，由县级人民政府饲料管理部门代为销毁，所需费用由生产企业承担。

对本条例第二十八条规定的饲料、饲料添加剂，经营者不停止销售的，由县级以上地方人民政府饲料管理部门责令停止销售；拒不停止销售的，没收违法所得，处1000元以上5万元以下罚款；情节严重的，责令停止经营，并通知工商行政管理部门，由工商行政管理部门吊销营业执照。

第四十六条 饲料、饲料添加剂生产企业、经营者有下列行为之一的，由县级以上地方人民政府饲料管理部门责令停止生产、经营，没收违法所得和违法生产、经营的产品，违法生产、经营的产品货值金额不足1万元的，并处2000元以上2万元以下罚款，货值金额1万元以上的，并处货值金额2倍以上5倍以下罚款；构成犯罪的，依法追究刑事责任：

（一）在生产、经营过程中，以非饲料、非饲料添加剂冒充饲料、饲料添加剂或者以此种饲料、饲料添加剂冒充他种饲料、饲料添加剂的；

（二）生产、经营无产品质量标准或者不符合产品质量标准的饲料、饲料添加剂的；

（三）生产、经营的饲料、饲料添加剂与标签标示的内容不一致的。

饲料、饲料添加剂生产企业有前款规定的行为，情节严重的，由发证机关吊销、撤销相关许可证明文件；饲料、饲料添加剂经营者有前款规定的行为，情节严重的，通知工商行政管理部门，由工商行政管理部门吊销营业执照。

第四十七条 养殖者有下列行为之一的，由县级人民政府饲料管理部门没收违法使用的产品和非法添加物质，对单位处1万元以上5万元以下罚款，对个人处5000元以下罚款；构成犯罪的，依法追究刑事责任：

（一）使用未取得新饲料、新饲料添加剂证书的新饲料、新饲料添加剂或者未取得饲料、饲料添加剂进口登记证的进口饲料、进口饲料添加剂的；

（二）使用无产品标签、无生产许可证、无产品质量标准、无产品质量检验合格证的饲料、饲料添加剂的；

（三）使用无产品批准文号的饲料添加剂、添加剂预混合饲料的；

（四）在饲料或者动物饮用水中添加饲料添加剂，不遵守国务院农业行政主管部门制定的饲料添加剂安全使用规范的；

（五）使用自行配制的饲料，不遵守国务院农业行政主管部门制定的自行配制饲料使用规范的；

（六）使用限制使用的物质养殖动物，不遵守国务院农业行政主管部门的限制性规定的；

（七）在反刍动物饲料中添加乳和乳制品以外的动物源性成分的。

在饲料或者动物饮用水中添加国务院农业行政主管部门公布禁用的物质以及对人体具有直接或者潜在危害的其他物质，或者直接使用上述物质养殖动物的，由县级以上地方人民政府饲料管理部门责令其对饲喂了违禁物质的动物进行无害化处理，处3万元以上10万元以下罚款；构成犯罪的，依法追究刑事责任。

第四十八条　养殖者对外提供自行配制的饲料的，由县级人民政府饲料管理部门责令改正，处2000元以上2万元以下罚款。

第五章　附　则

第四十九条　本条例下列用语的含义：

（一）饲料原料，是指来源于动物、植物、微生物或者矿物质，用于加工制作饲料但不属于饲料添加剂的饲用物质。

（二）单一饲料，是指来源于一种动物、植物、微生物或者矿物质，用于饲料产品生产的饲料。

（三）添加剂预混合饲料，是指由两种（类）或者两种（类）以上营养性饲料添加剂为主，与载体或者稀释剂按照一定比例配制的饲料，包括复合预混合饲料、微量元素预混合饲料、维生素预混合饲料。

（四）浓缩饲料，是指主要由蛋白质、矿物质和饲料添加剂按照一定比例配制的饲料。

（五）配合饲料，是指根据养殖动物营养需要，将多种饲料原料和饲料添加剂按照一定比例配制的饲料。

（六）精料补充料，是指为补充草食动物的营养，将多种饲料原料和饲料添加剂按照一定比例配制的饲料。

（七）营养性饲料添加剂，是指为补充饲料营养成分而掺入饲料中的少量或者微量物质，包括饲料级氨基酸、维生素、矿物质微量元素、酶制剂、非蛋白氮等。

（八）一般饲料添加剂，是指为保证或者改善饲料品质、提高饲料利用率而掺入饲料中的少量或者微量物质。

（九）药物饲料添加剂，是指为预防、治疗动物疾病而掺入载体或者稀释剂的兽药的预混合物质。

（十）许可证明文件，是指新饲料、新饲料添加剂证书，饲料、饲料添加剂进口登记证，饲料、饲料添加剂生产许可证，饲料添加剂、添加剂预混合饲料产品批准文号。

第五十条　药物饲料添加剂的管理，依照《兽药管理条例》的规定执行。

第五十一条　本条例自2012年5月1日起施行。

中华人民共和国国务院令（节选）

第 676 号

现公布《国务院关于修改和废止部分行政法规的决定》，自公布之日起施行。

总　理　李克强
2017 年 3 月 1 日

国务院关于修改和废止部分行政法规的决定

为了依法推进简政放权、放管结合、优化服务改革，国务院对取消行政审批项目、中介服务事项、职业资格许可事项和企业投资项目核准前置审批改革涉及的行政法规，以及不利于稳增长、促改革、调结构、惠民生的行政法规，进行了清理。经过清理，国务院决定：

一、对36部行政法规的部分条款予以修改。（附件1）

二、对3部行政法规予以废止。（附件2）

本决定自公布之日起施行。

附件：1．国务院决定修改的行政法规

2．国务院决定废止的行政法规

附件 1

国务院决定修改的行政法规

十六、将《饲料和饲料添加剂管理条例》第十二条第一款中的“应当委托中国境内代理机构向国务院农业行政主管部门申请登记”修改为“由出口方驻中国境内的办事机构或者其委托的中国境内代理机构向国务院农业行政主管部门申请登记”。

附录二　新饲料和新饲料添加剂管理办法

新饲料和新饲料添加剂管理办法

（2012 年 5 月 2 日农业部令 2012 年第 4 号公布，2016 年 5 月 30 日农业部令 2016 年第 3 号、2022 年 1 月 7 日农业农村部令 2022 年第 1 号修订）

第一条　为加强新饲料、新饲料添加剂管理，保障养殖动物产品质量安全，根据《饲料和饲料添加剂管理条例》，制定本办法。

第二条　本办法所称新饲料，是指我国境内新研制开发的尚未批准使用的单一饲料。

本办法所称新饲料添加剂，是指我国境内新研制开发的尚未批准使用的饲料添加剂。

第三条　有下列情形之一的，应当向农业农村部提出申请，参照本办法规定的新饲料、新饲料添加剂审定程序进行评审，评审通过的，由农业农村部公告作为饲料、饲料添加剂生产和使用，但不发给新饲料、新饲料添加剂证书：

（一）饲料添加剂扩大适用范围的；

（二）饲料添加剂含量规格低于饲料添加剂安全使用规范要求的，但由饲料添加剂与载体或者稀释剂按照一定比例配制的除外；

（三）饲料添加剂生产工艺发生重大变化的；

（四）新饲料、新饲料添加剂自获证之日起超过 3 年未投入生产，其他企业申请生产的；

（五）农业农村部规定的其他情形。

第四条　研制新饲料、新饲料添加剂，应当遵循科学、安全、有效、环保的原则，保证新饲料、新饲料添加剂的质量安全。

第五条　农业农村部负责新饲料、新饲料添加剂审定。

全国饲料评审委员会（以下简称评审委）组织对新饲料、新饲料添加剂的安全性、有效性及其对环境的影响进行评审。

第六条 新饲料、新饲料添加剂投入生产前，研制者或者生产企业（以下简称申请人）应当向农业农村部提出审定申请，并提交新饲料、新饲料添加剂的申请资料和样品。

第七条 申请资料包括：

（一）新饲料、新饲料添加剂审定申请表；

（二）产品名称及命名依据、产品研制目的；

（三）有效组分、理化性质及有效组分化学结构的鉴定报告，或者动物、植物、微生物的分类（菌种）鉴定报告，微生物发酵制品还应当提供生产所用菌株的菌种鉴定报告；

（四）适用范围、使用方法、在配合饲料或全混合日粮中的推荐用量，必要时提供最高限量值；

（五）生产工艺、制造方法及产品稳定性试验报告；

（六）质量标准草案及其编制说明和产品检测报告；有最高限量要求的，还应提供有效组分在配合饲料、浓缩饲料、精料补充料、添加剂预混合饲料中的检测方法；

（七）农业农村部指定的试验机构出具的产品有效性评价试验报告、安全性评价试验报告（包括靶动物耐受性评价报告、毒理学安全评价报告、代谢和残留评价报告等）；申请新饲料添加剂审定的，还应当提供该新饲料添加剂在养殖产品中的残留可能对人体健康造成影响的分析评价报告；

（八）标签式样、包装要求、贮存条件、保质期和注意事项；

（九）中试生产总结和“三废”处理报告；

（十）对他人的专利不构成侵权的声明。

第八条 产品样品应当符合以下要求：

（一）来自中试或工业化生产线；

（二）每个产品提供连续 3 个批次的样品，每个批次 4 份样品，每份样品不少于检测需要量的 5 倍；

（三）必要时提供相关的标准品或化学对照品。

第九条 有效性评价试验机构和安全性评价试验机构应当按照农业农村部制定的技术指导文件或行业公认的技术标准，科学、客观、公正开展试验，不得与研制者、生产企业存在利害关系。

承担试验的专家不得参与该新饲料、新饲料添加剂的评审工作。

第十条 农业农村部自受理申请之日起 5 个工作日内，将申请资料和样品交评审委进行评审。

第十一条 新饲料、新饲料添加剂的评审采取评审会议的形式。评审会议应当有 9 名以上评审委专家参加，根据需要也可以邀请 1 至 2 名评审委专家以外的专家参加。参加评审的专家对评审事项具有表决权。

评审会议应当形成评审意见和会议纪要，并由参加评审的专家审核签字；有不同意见的，应当注明。

第十二条 参加评审的专家应当依法履行职责，科学、客观、公正提出评审意见。

评审专家与研制者、生产企业有利害关系的，应当回避。

第十三条　评审会议原则通过的，由评审委将样品交农业农村部指定的饲料质量检验机构进行质量复核。质量复核机构应当自收到样品之日起 3 个月内完成质量复核，并将质量复核报告和复核意见报评审委，同时送达申请人。需用特殊方法检测的，质量复核时间可以延长 1 个月。

质量复核包括标准复核和样品检测，有最高限量要求的，还应当对申报产品有效组分在饲料产品中的检测方法进行验证。

申请人对质量复核结果有异议的，可以在收到质量复核报告后 15 个工作日内申请复检。

第十四条　评审过程中，农业农村部可以组织对申请人的试验或生产条件进行现场核查，或者对试验数据进行核查或验证。

第十五条　评审委应当自收到新饲料、新饲料添加剂申请资料和样品之日起 9 个月内向农业农村部提交评审结果；但是，评审委决定由申请人进行相关试验的，经农业农村部同意，评审时间可以延长 3 个月。

第十六条　农业农村部自收到评审结果之日起 10 个工作日内作出是否核发新饲料、新饲料添加剂证书的决定。

决定核发新饲料、新饲料添加剂证书的，由农业农村部予以公告，同时发布该产品的质量标准。新饲料、新饲料添加剂投入生产后，按照公告中的质量标准进行监测和监督抽查。

决定不予核发的，书面通知申请人并说明理由。

第十七条　新饲料、新饲料添加剂在生产前，生产者应当按照农业农村部有关规定取得生产许可证。生产新饲料添加剂的，还应当取得相应的产品批准文号。

第十八条　新饲料、新饲料添加剂的监测期为 5 年，自新饲料、新饲料添加剂证书核发之日起计算。

监测期内不受理其他就该新饲料、新饲料添加剂提出的生产申请和进口登记申请，但该新饲料、新饲料添加剂超过 3 年未投入生产的除外。

第十九条　新饲料、新饲料添加剂生产企业应当收集处于监测期内的产品质量、靶动物安全和养殖动物产品质量安全等相关信息，并向农业农村部报告。

农业农村部对新饲料、新饲料添加剂的质量安全状况组织跟踪监测，必要时进行再评价，证实其存在安全问题的，撤销新饲料、新饲料添加剂证书并予以公告。

第二十条　从事新饲料、新饲料添加剂审定工作的相关单位和人员，应当对申请人提交的需要保密的技术资料保密。

第二十一条　从事新饲料、新饲料添加剂审定工作的相关人员，不履行本办法规定的职责或者滥用职权、玩忽职守、徇私舞弊的，依法给予处分；构成犯罪的，依法追究刑事责任。

第二十二条　申请人隐瞒有关情况或者提供虚假材料申请新饲料、新饲料添加剂审定的，农业农村部不予受理或者不予许可，并给予警告；申请人在 1 年内不得再次申请新饲料、新饲料添加剂审定。

以欺骗、贿赂等不正当手段取得新饲料、新饲料添加剂证书的，由农业农村部撤销新饲料、新饲料添加剂证书，申请人在3年内不得再次申请新饲料、新饲料添加剂审定；以欺骗方式取得新饲料、新饲料添加剂证书的，并处5万元以上10万元以下罚款；涉嫌犯罪的，及时将案件移送司法机关，依法追究刑事责任。

第二十三条 其他违反本办法规定的，依照《饲料和饲料添加剂管理条例》的有关规定进行处罚。

第二十四条 本办法自2012年7月1日起施行。农业部2000年8月17日发布的《新饲料和新饲料添加剂管理办法》同时废止。

参考文献

Abdel-Fattah S M，Badr A N，Seif F A A，et al. Antifungal and anti-mycotoxigenic impact of eco-friendly extracts of wild stevia [J]. Journal of Biological Sciences，2018，18：488—499.

Ariffin S，Wan H，Ariffin Z Z，et al. Intrinsic anticarcinogenic effects of *Piper sarmentosum* ethanolic extract on a human hepatoma cell line [J]. Cancer Cell International，2009，9 (1)：6.

Azlina M F N，Qodriyah H M S，Akmal M N，et al. In vivo effect of *Piper sarmentosum* methanolic extract on stress-induced gastric ulcers in rats [J]. Archives of Medical Science，2019，15 (1)：223—231.

Bokesch H R，Gardella R S，Rabe D C，et al. A new hypoxia inducible factor-2 inhibitory pyrrolinone alkaloid from roots and stems of *Piper sarmentosum* [J]. Chemical & Pharmaceutical Bulletin，2011，59 (9)：1178—1179.

Carulla J E，Kreuzer M，Machmüller B，et al. Supplementation of Acacia mearnsii tannins decreases methanogenesis and urinary nitrogen in foraged-fed sheep [J]. Crop and Pasture Science，2005，56 (9)：961—970.

Chanprapai P，Chavasiri W. Antimicrobial activity from *Piper sarmentosum* Roxb. against rice pathogenic bacteria and fungi [J]. Journal of Integrative Agriculture，2017，11：161—172.

Chanwitheesuk A，Teerawutgulrag A，Rakariyatham N. Screening of antioxidant activity and antioxidant compounds of some edible plants of Thailand [J]. Food Chemistry，2005，92 (3)：491—497.

Cheeptham N，Towers G. Light-mediated activities of some Thai medicinal plant teas [J]. Fitoterapia，2002，73 (7—8)：651—662.

Chen C，Li L，Zhang F，et al. Antifungal activity，main active components and mechanism of Curcuma longa extract against Fusarium graminearum [J]. PloS One，2018，13 (3)：e0194284.

Chen J，Yan B，Tang Y，et al. Symbiotic and Asymbiotic Germination of Dendrobium officinale (Orchidaceae) Respond Differently to Exogenous Gibberellins [J]. International Journal of Molecular Sciences，2020，21 (17)：6104.

Cherdthong A，Khonkhaeng B，Foiklang S，et al. Effects of Supplementation of *Piper sarmentosum* Leaf Powder on Feed Efficiency，Rumen Ecology and Rumen Protozoal Concentration in Thai Native Beef Cattle [J]. Animals，2019，9 (4)：130.

Chieng T C，Assim Z B，Fasihuddin B A. Toxicity and antitermite activities of the essential oils from *Piper sarmentosum* [J]. Malaysian Journal of Analytical Science，2008，12：234−239.

Durant-Archibold A A，Santana A I，Gupta M P. Ethnomedical uses and pharmacological activities of most prevalent species of genus Piper in Panama：a review [J]. Journal ofEthnopharmacology，2018，217：63−82.

Ee G C，Lim C M，Lim C K，et al. Alkaloids from *Piper sarmentosum* and Piper nigrum [J]. Natural Product Research，2009，23 (15)：1416−1423.

Estai M A，Suhaimi F H，Das S，et al. *Piper sarmentosum* enhances fracture healing in ovariectomized osteoporotic rats：a radiological study [J]. Clinics，2011，66 (5)：865−872.

Hafizah A H，Zaiton Z，Zulkhairi A，et al. *Piper sarmentosum* as an antioxidant on oxidative stress in human umbilical vein endothelial cells induced by hydrogen peroxide [J]. Journal of Zhejiang University-Science B，2010，11：357−365.

Hematpoor A，Paydar M，Liew S Y，et al. Phenylpropanoids isolated from *Piper sarmentosum* Roxb. induce apoptosis in breast cancer cells through reactive oxygen species and mitochondrial-dependent pathways [J]. Chemico-Biological Interactions，2018，279：210−218.

Hieu L D，Thang T D，Hoi T M，et al. Chemical composition of essential oils from four Vietnamese species of piper (piperaceae) [J]. Journal of Oleo Science，2014，63 (3)：211−217.

Hussain K，Ismail Z，Sadikun A，et al. Antioxidant，anti-TB activities，phenolic and amide contents of standardised extracts of *Piper sarmentosum* Roxb. [J]. Natural Product Research，2009，23 (3)：238−249.

Ima−Nirwana S，Elvy-Suhana M R，Faizah O，et al. Effects of *Piper sarmentosum* on bone resorption and its relationship to plasma cortisol in rats [J]. Bone，2009，44 (S1)：79−80.

Intirach J，Junkum A，Lumjuan N，et al. Antimosquito property of Petroselinum crispum (Umbellifereae) against the pyrethroid resistant and susceptible strains of Aedes aegypti (Diptera：Culicidae) [J]. Environmental Science and Pollution Research，2016，23 (23)：1−15.

Li R D，Guo W Y，Fu Z R，et al. Hepatoprotective action of Radix *Paeoniae Rubra* aqueous extract against CCl_4 − induced hepatic damage [J]. Molecules, 2011, 16 (10): 8684−8693.

Likhitwitayawuid K, Ruangrungsi N, Lange G L. Structural elucidation and synthesis of new compounds isolated from *Piper sarmentosum* (Piperaceae) [J]. Tetrahedron, 1987, 43 (16): 3689−3694.

Liu Y, Che T M, Song M, et al. Dietary plant extracts improve immune responses and growth efficiency of pigs experimentally infected with porcine reproductive and respiratory syndrome virus [J]. Journal of Animal Science, 2013, 91 (12): 5668−5679.

Luo C, Wang H, Chen X X, et al. Protection of H9c2 rat cardiomyoblasts against oxidative insults by total paeony glucosides from Radix *Paeoniae Rubrae* [J]. Phytomedicin, 2013, 21 (1): 20−24.

Masuda T, Inazumi A, Yamada Y, et al. Antimicrobial phenylpropanoids from *piper sarmentosum* [J]. Phytochemistry, 1991, 30 (10): 3227−3228.

Miean K H, Mohamed S. Flavonoid (myricetin, quercetin, kaempferol, luteolin, and apigenin) content of edible tropical plants [J]. Journal of Agricultural and Food Chemistry, 2001, 49 (6): 3106−3112.

Nadia R, Hassan R A, Qota E M, et al. Effect of natural antioxidant on oxidative stability of eggs and productive and reproductive performance of laying hens [J]. International Journal of Poultry Science, 2008, 7 (2): 134−135.

Nasri S, Ben Salem H, Vasta V, et al. Effect of increasing levels of Quillaja saponaria on digestion, growth and meat quality of Barbarine lamb [J]. Animal Feed Science and Technology, 2011, 164 (1−2): 71−78.

Nazmul M H M, Salmah I, Syahid A, et al. In vitro screening of antifungal activity of plants in Malaysia [J]. Biomed Res, 2011, 22 (1): 28−30.

Pan L, Matthew S, Lantvit D D, et al. Bioassay-guided isolation of constituents of *piper sarmentosum* using a mitochondrial transmembrane potential assay [J]. Journal of Natural Products, 2011, 74 (10): 2193−2199.

Peungvicha P, Thirawarapan S S, Temsiririrkkul R, et al. Hypoglycemic effect of the water extract of *Piper sarmentosum* in rats [J]. Journal of Ethnopharmacology, 1998, 60 (1): 27−32.

Qin W, Huang S, Li C, et al. Biological activity of the essential oil from the leaves of *Piper sarmentosum* Roxb. (Piperaceae) and its chemical constituents on Brontispa longissima (Gestro) (Coleoptera: Hispidae) [J]. Pesticide Biochemistry and Physiology, 2010, 96: 132−139.

Qin Z, Liao D, Chen Y, et al. A widely metabolomic analysis revealed metabolic alterations of *Epimedium pubescens* leaves at different growth stages [J]. Molecules, 2019, 25 (1): 267−275.

Rahman S, Sijam K, Omar D. *Piper sarmentosum* Roxb.: a mini review of ethnobotany, phytochemistry and pharmacology [J]. Journal of Chemical and Pharmaceutical Research, 2016, 2 (5).

Rambozzi L, Mi ARM, Menzano A. In vivo anticoccidial activity of yucca schidigera saponins in naturally infected calves [J]. Journal of Animal & Veterinary Advances, 2011, 10 (3): 391-394.

Rameshkumar K B, Nandu T G, Anu Aravind A P, et al. Chemical composition and FtsZ GTPase inhibiting activity of the essential oil of *Piper sarmentosum* from Andaman Islands, India [J]. Journal of Essential Oil Research, 2017: 1-6.

Rititid W, Rattanaprom W, Thanina P, et al. Neuromuscular blocking activity of methanolic extract of *Piper sarmentosum* leaves in the rat phrenic nerve-hemidiaphragm preparation [J]. Journal of Ethnopharmacology, 1998, 61 (2): 135-142.

Rititid W, Ruangsang P, Reanomongkol W, et al. Studies of the antiinflflammatory and antipyretic activities of the methanolic extract of *Piper sarmentosum* Roxb. leaves in rats [J]. Songklanakarin Journal of Science and Technology, 2007, 29 (6): 1520-1527.

Rukachaisirikul T, Siriwattanakit P, Sukcharoenphol K, et al. Chemical constituents and bioactivity of *Piper sarmentosum* [J]. Journal of Ethnopharmacology, 2004, 93: 173-176.

Salema Z M, Olivares M, Lopez S, et al. Effect of natural extracts of Salix babylonica and *Leucaena leucocephala* on nutrient digestibility and growth performance of lambs [J]. Animal Feed Science and Technology, 2011, 170 (1-2): 27-34.

Shi Y N, Liu F F, Jacob M, et al. Antifungal Amide Alkaloids from the Aerial Parts of *Piper flaviflorum* and *Piper sarmentosum* [J]. Planta Medica, 2016: 143-450.

Shi Y N, Liu F F, Jacob M, et al. Antifungal amide alkaloids from the aerial parts of *Piper flaviflorum* and *Piper sarmentosum* [J]. Planta Medica, 2017, 83: 143-150.

Shieh D E, Liu L T, Lin C C. Antioxidant and free radical scavenging effects of baicalein, baicalinand wogonin [J]. Anticancer Res, 2000, 20 (5A): 2861.

Sim K M, Mak C N, Ho L P. A new amide alkaloid from the leaves of *Piper sarmentosum* [J]. Journal of Asian Natural Products Research, 2009, 11 (8): 757-760.

Sireeratawong S, Vannasiri S, Sritiwong S, et al. Anti-inflammatory, anti-nociceptive and antipyretic effects of the ethanol extract from root of *Piper sarmentosum* roxb [J]. Journal of the Medical Association of Thailan, 2010, 93 (S7): 1-6.

Stöhr J R, Xiao P, Bauer R. Isobutylamides and a new methylbutyl amide from *Piper sarmentosum* [J]. Planta Medica, 1999, 65: 175-177.

Subramaniam V, Adenan M I, Ahmad A R, et al. Natural antioxidants: *piper sarmentosum* (kadok) and morinda elliptica (mengkudu) [J]. Malaysian Journal of Nutrition, 2003, 9 (1): 41-51.

Sun X, Chen W, Dai W, et al. *Piper sarmentosum* Roxb.: a review on its botany, traditional uses, phytochemistry, and pharmacological activities [J]. Journal of Ethnopharmacology, 2020, 263 (1): 112897.

Taher F J. Antifungal activity of *Eucalyptus microtheca* leaves extract against *Aflatoxigenic fungi* [J]. International Journal of Pharmaceutical Quality Assurance, 2019, 10 (3): 81−84.

Tuntiwachwuttikul P, Phansa P, Pootaeng-On Y, et al. Chemical constituents of the roots of *Piper sarmentosum* [J]. Chemistry & Pharmaceutical Bulletin, 2006, 54: 149−151.

Ugusman A, Zakaria Z, Hui C K, et al. Flavonoids of *piper sarmentosum* and its cytoprotective effects against oxidative stress [J]. Excli Journal, 2012, 11: 705−714.

Valentao P, Femandes E, Carvalho F, et a1. Hydroxyl radical and hypo chlorous acid scavenging activity of small centaury (Centaurium erythraea) infusion. A comparative study with green tea (Camellia sinensis) [J]. Phytomedicine, 2003, 10 (6): 517−522.

Verhelst R, Schroyen M, Buys N, et al. Dietary polyphenols reduce diarrhra in enterotoxigenic *Escherichia coli* (ETEC) infected post-weaning piglets [J]. Livestock Science, 2014, 160: 138−140.

Wanapat M, Kongmun P, Poungchompu O, et al. Effects of plants containing secondary compounds and plant oils on rumen fermentation and ecology [J]. Tropical Animal Health & Production, 2012, 44 (3): 399−405.

Wang D, Zhou L, Zhou H, et al. Effects of *Piper sarmentosum* extract on the growth performance, antioxidant capability and immune response in weaned piglets [J]. Journal of Animal Physiology and Animal Nutrition, 2017, 101 (1): 105−112.

Wang D F, Zhou L L, Zhou H L, et al. Chemical composition and anti-inflammatory activity of *n*-butanol extract of *Piper sarmentosum* Roxb. in the intestinal porcine epithelial cells (IPEC-J2) [J]. Journal of Ethnopharmacology, 2021: (269): 113723.

Wang D F, Zhou L L, Li W, et al. Anticoccidial effect of *Piper sarmentosum* extracts in experimental coccidiosis in broiler chickens [J]. Tropical Animal Health and Production, 2016, 48 (5): 1071−1078.

Zaidan M, Rain A N, Badrul A R, et al. In vitro screening of five local medicinal plants forantibacterial activity using disc diffusion method [J]. Tropical biomedicine, 2006, 22 (2): 165−170.

Zakaria Z A, Patahuddin H, Mohamad A S, et al. In vivo anti-nociceptive and anti-inflammatory activities of the aqueous extract of the leaves of *Piper sarmentosum* [J]. Journal of Ethnopharmacology, 2010, 128 (1): 42−48.

Zhou L, Wang D, Zhou H. Metabolic profiling of two medicinal Piper species [J]. South African Journal of Botany, 2021, 139: 281−289.

Zhou L, Wang D F, Hu H, et al. Effects of *Piper sarmentosum* extract supplementation on growth performances and rumen fermentation and microflora characteristics in goats [J]. Journal of Animal Physiology and Animal Nutrition, 2020, 104: 431−438.

毕仁军，韩冬银，李敏. 2%假蒟微乳剂对几种病虫的毒力测定 [J]. 热带农业工程，2009，33 (2)：7−10.

曹纬国，张丹，张义兵，等. 葎草乙酸乙酯提取物抗炎镇痛作用及其机制的研究 [J]. 中药药理与临床，2010，26 (3)：31−33.

曾东. 当归及其提取物化学成分红外光谱法分析 [J]. 中国现代药物应用，2016，10 (4)：287−288.

陈川威，周璐丽，王定发，等. 假蒟提取物的体外抗氧化和抗炎效果研究 [J]. 中国畜牧兽医，2019，46 (3)：677−683.

陈慧敏，张莹. 有关多用途阴生地被植物假蒟的探讨 [J]. 现代园艺，2018，10：123−124.

陈剑飞，张晓春. 金线莲正丁醇提取物降血糖作用 [J]. 医药导报，2015，34 (11)：1454−1457.

陈团. 饲料中添加血根碱对草鱼生长、免疫及肠道健康的影响 [D]. 长沙：湖南农业大学，2018.

陈鲜鑫，王金全，鲜凌瑾. 天然植物提取物对蛋鸡产蛋性能、蛋品质和血清生化免疫指标的影响 [J]. 中国家禽，2017，39 (5)：35−38.

冯岗，袁恩林，张静. 假蒟中胡椒碱的分离鉴定及杀虫活性研究 [J]. 热带作物学报，2013，34 (11)：2246−2250.

龚向胜，王红权，赵玉蓉，等. 植物提取物对草鱼非特异性免疫功能的影响 [J]. 中国饲料，2012，(23)：22−24.

关炳峰，谭军，周志娣，等. 金银花提取物的抗氧化作用与其绿原酸含量的相关性研究 [J]. 食品工业科技，2007，28 (10)：127−129.

国家药典委员会. 中华人民共和国药典 [M]. 北京：中国医药科技出版社，2010.

胡佩红，季海波. 海滨锦葵提取物对异育银鲫生长和非特异性免疫的影响 [J]. 安徽农学通报，2019，25 (16)：15−17.

黄光中，胡辉，肖克宇，等. 葡萄籽与青蒿提取物对黄鳝肠道消化酶活性及血液生化指标的影响 [J]. 南方水产科学，2013，9 (2)：70−75.

李超，郭瑞萍. 菊粉对育肥猪生产性能、血脂水平和胴体品质的影响 [J]. 中国饲料，2014 (20)：19−21.

李成洪，王孝友，杨睿，等. 植物提取物饲料添加剂对生长猪生产性能的影响 [J]. 饲料工业，2012，33 (17)：14−16.

李德勇，孟庆翔，崔振亮. 产气量法研究不同植物提取物对瘤胃体外发酵的影响 [J]. 中国农业大学学报，2014，19 (2)：143−149.

李静，田芳，李美艳，等. 白屈菜提取物中生物碱的镇痛抗炎作用研究 [J]. 中国实验方剂学杂志，2013，19 (8)：262−265.

梁进欣，白卫东，杨娟，等. 植物多酚的研究进展 [J]. 农产品加工，2020，21 (7)：

85－91.
林江，符悦冠，黄武仁. 假蒟石油醚萃取物对螺旋粉虱的生物活性及代谢酶活性的影响［J］. 中国生态农业学报，2012，20（7）：921－926.
刘波，周群兰，何义进，等. 植物提取物对异育银鲫生长、免疫与抗氧化相关因子及抗病力的影响［J］. 上海水产大学学报，2008，17（2）：193－198.
刘红芳，邸仕忠，符悦冠. 假蒟不同极性部位提取物对斜纹夜蛾卵的生物活性［J］. 南方农业学报，2014，45（6）：995－999.
刘婧，李秀梅，于大力，等. 3 种药食同源植物总黄酮提取条件及其抑制禾谷镰刀菌的作用［J］. 食品科技，2018，43（5）：214－218，223.
刘容珍，田允波. 天然植物提取物对仔猪生长性能的影响及其作用机理研究［J］. 安徽农业科学，2007，35（16）：4866－4868.
刘相文，侯林，范路路，等. 赤芍不同提取物抗病毒活性研究［J］. 辽宁中医药大学学报，2017，19（8）：34－36.
刘学铭，黄小霞，廖森泰，等. 3 种富含花青素植物提取物抗氧化和降血脂活性比较研究［J］. 中国食品学报，2014，14（1）：20－27.
刘雨晴，薛明，张庆臣，等. 黄荆中 β－石竹烯对棉蚜的毒力和作用机理［J］. 昆虫学报，2010，53（4）：396－404
缪凌鸿，刘胜利，梁政远，等. 天然植物提取物对鲤鱼生长性能及血液学指标的影响［J］. 广东海洋大学学报，2008，28（6）：5－8.
任守忠，苏文琴，陈君，等. 枫蓼提取物的抗炎作用及机制研［J］. 2016，32（1）：160－163.
史东辉，陈俊锋，赵连生，等. 唇形科植物提取物对肉鸡血清抗氧化功能和鸡肉脂类氧化的影响研究［J］. 中国畜牧杂志，2013，49（7）：63－67.
孙丹，刘业平，张世瑞，等. 假蒟和草胡椒提取物对植物病原菌的抑制作用初探［J］. 广东农业科学，2008，8（2）：95－96.
孙红祥，杜海燕，季君策. 中药及其挥发性成分抗霉菌活性研究［J］. 饲料研究，1999（9）：1－4.
田晓明，颜立红，蒋利媛，等. 基于 UHPLC－QTOF/MS 代谢组学技术比较分析半枫荷不同组织化学成分［J］. 植物生理学报，2021，57（6）：1311－1318.
涂兴强. 糖萜素、大蒜素在生长育肥猪中的应用研究［D］. 南宁：广西大学，2013.
汪水平. 植物提取物调控瘤胃发酵的研究进展［J］. 畜牧兽医学报，2015，46（1）：12－19.
王定发，周璐丽，胡海超，等. 假蒟提取物对断奶仔猪回肠黏膜组织形态及通透性的影响［J］. 中国畜牧杂志，2018，54（11）：110－114.
王定发，周璐丽，胡海超，等. 假蒟提取物对山羊瘤胃主要微生物含量的影响［J］. 家畜生态学报，2020，41（6）：52－57.
王定发，周璐丽，李韦，等. 假蒟提取物对感染柔嫩艾美耳球虫鸡血液指标的影响［J］. 动物医学进展，2016，37（2）：57－63.
王定发，周璐丽，李韦，等. 假蒟提取物对人工感染鸡柔嫩艾美耳球虫病的疗效研

究 [J]. 黑龙江畜牧兽医，2016 (5)：186－189.
王定发，周璐丽，周汉林. 假蒟提取物对文昌鸡生长性能、屠宰性能和肉品质的影响 [J]. 家畜生态学报，2017，38 (10)：33－37.
王定发，周璐丽，周雄，等. 5 种植物提取物对猪致病菌的体外抗菌效果研究 [J]. 中国兽医杂志，2016，52 (6)：60－62.
王定发，周璐丽，周雄，等. 假蒟提取物对断奶仔猪生长性能、血液指标的影响 [J]. 动物营养学报，2015，27 (10)：3233－3240.
王洪荣，秦韬，王超. 青蒿素对山羊瘤胃发酵和微生物氮素微循环的影响 [J]. 中国农业科学，2014，47 (24)：4904－4914.
王鸿飞，刘飞，徐超，等. 费菜总黄酮及其不同极性提取物抑菌活性研究 [J]. 中国食品学报，2013，13 (5)：124－128.
王介庆. 饲料防霉剂及其发展趋势 [J]. 中国饲料，2000 (5)：18－19.
王晓杰，黄立新，张彩虹，等. 植物提取物饲料添加剂的研究进展 [J]. 生物化学工程，2018，52 (3)：50－58.
王媛，周璐丽，王定发，等. 假蒟提取物对海南黑山羊生长性能和日粮养分表观消化率的影响 [J]. 热带农业科学，2018，38 (11)：89－92，96.
闻利威，张琼琳，青格乐，等. 皂苷生物活性及应用研究进展 [J]. 畜牧与饲料科学，2020，41 (4)：90－96.
邬本成，王改琴，王宇霄，等. 植物精油作为潜在饲料防霉剂的研究 [J]. 中国饲料，2013 (12)：40－41.
谢丽曲，陈婉如，林滉. 植物提取物对肉鸭生长性能和血清抗氧化指标的影响 [J]. 福建畜牧兽医，2013，35 (3)：20－22.
徐晓明，Cardozo P W，邓莹莹，等. 日粮中添加植物提取物对泌乳初期奶牛生产性能的影响 [J]. 乳业科学与技术，2010 (3)：139－141.
严世芸，李其忠. 新编简明中医辞典 [M]. 北京：人民卫生出版社，2007.
杨海霞，张孝侠，程晓平，等. 金银花和野菊花乙醇提取物抑菌作用比较 [J]. 济宁医学院学报，2013，36 (2)：97－99，105.
游玉明，黄琳琳. 山胡椒提取物的抑菌活性及其稳定性 [J]. 食品与发酵工业，2013，39 (5)：116－119.
袁保刚，何全磊，尹丹丹，等. 生地黄提取物的抗氧化活性研究 [J]. 西北农林科技大学学报，2011，39 (3)：137－140，145.
袁宏球，孙丹，张世瑞. 假蒟甲醇提取物的抑制真菌作用 [J]. 安徽农业科学，2009，37 (17)：8044－8045.
袁钟，图娅，彭泽邦，等. 中医辞海（中册）[M]. 北京：中国医药科技出版社，1999.
张蓓蓓. 植物黄酮类化合物的研究 [J]. 科技视界，2018 (23)：155－157.
张方平，王帮，毕仁军，等. 假蒟提取物对皮氏叶螨的生物活性测定 [J]. 热带作物学报，2009，30 (6)：851－855.
张嘉琦，张会艳，赵青余，等. 植物精油对畜禽肠道健康、免疫调节和肉品质的研究进展［J］. 动物营养学报，2021，33（5）：2439－2451.
张友胜，宁正祥，杨书珍，等. 显齿蛇葡萄中二氢杨梅树皮素的抗氧化作用及其机制（英文）［J］. 药学学报，2003，38（4）：241－244.
周国洪，赵珍东，汪小根，等. 基于植物代谢组学的地黄蒸制前后化学成分变化研究［J］. 海峡药学，2020，32（7）：34－37.
周璐丽，周汉林，王定发. 假蒟提取物对感染柔嫩艾美耳球虫鸡盲肠结构的影响［J］. 贵州农业科学，2017，45（12）：95－97.
朱碧泉，曹璐，车炼强，等. 植物提取物对断奶仔猪生产性能的影响［J］. 饲料研究，2011（8）：7－10.
朱碧泉，曹璐，车炼强，等. 植物提取物对育肥猪生产性能、胴体性状、猪肉品质及抗氧化能力的影响［J］. 中国饲料，2011（14）：15－18.
禚梅，呙于明，赵小刚，等. 日粮中添加植物提取物对肉仔鸡免疫机能的影响［J］. 中国畜牧兽医，2009，36（6）：14－18.